essentials

essentials liefern aktuelles Wissen in konzentrierter Form. Die Essenz dessen, worauf es als „State-of-the-Art" in der gegenwärtigen Fachdiskussion oder in der Praxis ankommt. *essentials* informieren schnell, unkompliziert und verständlich

- als Einführung in ein aktuelles Thema aus Ihrem Fachgebiet
- als Einstieg in ein für Sie noch unbekanntes Themenfeld
- als Einblick, um zum Thema mitreden zu können

Die Bücher in elektronischer und gedruckter Form bringen das Expertenwissen von Springer-Fachautoren kompakt zur Darstellung. Sie sind besonders für die Nutzung als eBook auf Tablet-PCs, eBook-Readern und Smartphones geeignet. *essentials:* Wissensbausteine aus den Wirtschafts-, Sozial- und Geisteswissenschaften, aus Technik und Naturwissenschaften sowie aus Medizin, Psychologie und Gesundheitsberufen. Von renommierten Autoren aller Springer-Verlagsmarken.

Weitere Bände in dieser Reihe http://www.springer.com/series/13088

Hermann Sicius

Eisengruppe: Elemente der achten Nebengruppe

Eine Reise durch das Periodensystem

Dr. Hermann Sicius
Dormagen, Deutschland

ISSN 2197-6708 ISSN 2197-6716 (electronic)
essentials
ISBN 978-3-658-15560-5 ISBN 978-3-658-15561-2 (eBook)
DOI 10.1007/978-3-658-15561-2

Die Deutsche Nationalbibliothek verzeichnet diese Publikation in der Deutschen Nationalbibliografie; detaillierte bibliografische Daten sind im Internet über http://dnb.d-nb.de abrufbar.

Springer Spektrum
© Springer Fachmedien Wiesbaden 2017
Das Werk einschließlich aller seiner Teile ist urheberrechtlich geschützt. Jede Verwertung, die nicht ausdrücklich vom Urheberrechtsgesetz zugelassen ist, bedarf der vorherigen Zustimmung des Verlags. Das gilt insbesondere für Vervielfältigungen, Bearbeitungen, Übersetzungen, Mikroverfilmungen und die Einspeicherung und Verarbeitung in elektronischen Systemen.
Die Wiedergabe von Gebrauchsnamen, Handelsnamen, Warenbezeichnungen usw. in diesem Werk berechtigt auch ohne besondere Kennzeichnung nicht zu der Annahme, dass solche Namen im Sinne der Warenzeichen- und Markenschutz-Gesetzgebung als frei zu betrachten wären und daher von jedermann benutzt werden dürften.
Der Verlag, die Autoren und die Herausgeber gehen davon aus, dass die Angaben und Informationen in diesem Werk zum Zeitpunkt der Veröffentlichung vollständig und korrekt sind. Weder der Verlag noch die Autoren oder die Herausgeber übernehmen, ausdrücklich oder implizit, Gewähr für den Inhalt des Werkes, etwaige Fehler oder Äußerungen.

Gedruckt auf säurefreiem und chlorfrei gebleichtem Papier

Springer Spektrum ist Teil von Springer Nature
Die eingetragene Gesellschaft ist Springer Fachmedien Wiesbaden GmbH
Die Anschrift der Gesellschaft ist: Abraham-Lincoln-Strasse 46, 65189 Wiesbaden, Germany

Dieses Buch ist gewidmet:
Susanne Petra Sicius-Hahn
Elisa Johanna Hahn
Fabian Philipp Hahn
Dr. Gisela Sicius-Abel

Was Sie in diesem *essential* finden können

- Eine umfassende Beschreibung von Herstellung, Eigenschaften und Verbindungen der Elemente der achten Nebengruppe
- Aktuelle und zukünftige Anwendungen
- Ausführliche Charakterisierung der einzelnen Elemente

Inhaltsverzeichnis

1 Einleitung

Willkommen bei den Elementen der achten Nebengruppe (Eisen, Ruthenium, Osmium und Hassium), die zueinander physikalisch und chemisch relativ ähnlich sind. Auch bei den Platinmetallen Ruthenium und Osmium wirkt sich noch die Lanthanoidenkontraktion aus. In den jeweiligen physikalischen Eigenschaften unterscheiden sich Ruthenium und Osmium schon relativ deutlich, aber nur wenig in Bezug auf ihre chemischen Eigenschaften. Eisen weicht dagegen hinsichtlich seines unedlen Charakters und niedrigeren Dichten, Schmelz- und Siedepunkten schon deutlich ab. Die Elemente dieser Gruppe können maximal acht äußere Valenzelektronen (jeweils zwei s- und sechs d-Elektronen) abgeben, um eine stabile Elektronenkonfiguration zu erreichen. Bei Eisen ist die Oxidationsstufe +3 die stabilste, bei Ruthenium +4 und bei Osmium und Hassium +8.

Die Entdeckung des Eisens erfolgte schon 3000 v. Chr. in Mesopotamien, wogegen Osmium und Ruthenium in der ersten Hälfte des 19. Jahrhunderts entdeckt wurden. Die Erstdarstellung von Atomen des Hassiums gelang 1984. Sie finden alle Elemente im unten stehenden Periodensystem in Gruppe N 8.

Elemente werden eingeteilt in Metalle (z. B. Natrium, Calcium, Eisen, Zink), Halbmetalle wie Arsen, Selen, Tellur sowie Nichtmetalle wie beispielsweise Sauerstoff, Chlor, Jod oder Neon. Die meisten Elemente können sich untereinander verbinden und bilden chemische Verbindungen; so wird z. B. aus Natrium und Chlor die chemische Verbindung Natriumchlorid, also Kochsalz.

Einschließlich der natürlich vorkommenden sowie der bis in die jüngste Zeit hinein künstlich erzeugten Elemente nimmt das aktuelle Periodensystem der Elemente (Abb. 1.1) bis zu 118 Elemente auf, von denen zurzeit noch vier Positionen unbesetzt sind.

Die Einzeldarstellungen der insgesamt vier Vertreter der Gruppe der Elemente der achten Nebengruppe enthalten dabei alle wichtigen Informationen über das jeweilige Element, sodass ich hier nur eine sehr kurze Einleitung vorangestellt habe.

© Springer Fachmedien Wiesbaden 2017

H. Sicius, *Eisengruppe: Elemente der achten Nebengruppe*, essentials,
DOI 10.1007/978-3-658-15561-2_1

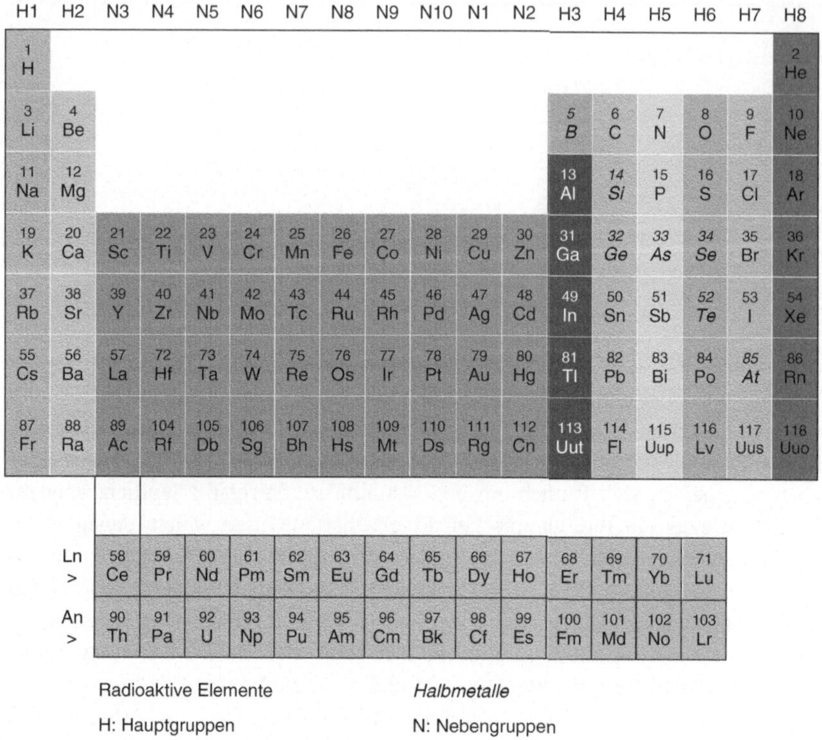

H1	H2	N3	N4	N5	N6	N7	N8	N9	N10	N1	N2	H3	H4	H5	H6	H7	H8
1 H																	2 He
3 Li	4 Be											*5 B*	6 C	7 N	8 O	9 F	10 Ne
11 Na	12 Mg											13 Al	*14 Si*	15 P	16 S	17 Cl	18 Ar
19 K	20 Ca	21 Sc	22 Ti	23 V	24 Cr	25 Mn	26 Fe	27 Co	28 Ni	29 Cu	30 Zn	31 Ga	*32 Ge*	*33 As*	*34 Se*	35 Br	36 Kr
37 Rb	38 Sr	39 Y	40 Zr	41 Nb	42 Mo	43 Tc	44 Ru	45 Rh	46 Pd	47 Ag	48 Cd	49 In	50 Sn	51 Sb	*52 Te*	53 I	54 Xe
55 Cs	56 Ba	57 La	72 Hf	73 Ta	74 W	75 Re	76 Os	77 Ir	78 Pt	79 Au	80 Hg	81 Tl	82 Pb	83 Bi	84 Po	*85 At*	86 Rn
87 Fr	88 Ra	89 Ac	104 Rf	105 Db	106 Sg	107 Bh	108 Hs	109 Mt	110 Ds	111 Rg	112 Cn	113 Uut	114 Fl	115 Uup	116 Lv	117 Uus	118 Uuo

Ln >	58 Ce	59 Pr	60 Nd	61 Pm	62 Sm	63 Eu	64 Gd	65 Tb	66 Dy	67 Ho	68 Er	69 Tm	70 Yb	71 Lu
An >	90 Th	91 Pa	92 U	93 Np	94 Pu	95 Am	96 Cm	97 Bk	98 Cf	99 Es	100 Fm	101 Md	102 No	103 Lr

Radioaktive Elemente *Halbmetalle*

H: Hauptgruppen N: Nebengruppen

Abb. 1.1 Periodensystem der Elemente

2 Vorkommen

Eisen ist in der Erdhülle mit einem sehr hohen Anteil von 47.000 ppm vertreten, wogegen die Anteile von Ruthenium bzw. Osmium um Größenordnungen kleiner sind, nämlich bei 0,02 bzw. 0,01 ppm (!). Hassium ist nur durch künstliche Kernreaktionen und dann nur in atomaren Mengen zugänglich.

© Springer Fachmedien Wiesbaden 2017

H. Sicius, *Eisengruppe: Elemente der achten Nebengruppe,* essentials,
DOI 10.1007/978-3-658-15561-2_2

3 Herstellung

Eisen gewinnt man meist klassisch im Hochofenprozess aus Eisenerz und Kohle. Ruthenium und Osmium müssen erst aufwendig von unedlen Begleit- sowie anderen Platinmetallen abgetrennt werden, wonach sie schließlich in ihre höheren Oxide bzw. Chlorokomplexe überführt werden. Jene reduziert man anschließend mit Wasserstoffgas zum jeweiligen reinen Metall.

© Springer Fachmedien Wiesbaden 2017

H. Sicius, *Eisengruppe: Elemente der achten Nebengruppe*, essentials,
DOI 10.1007/978-3-658-15561-2_3

4 Eigenschaften

4.1 Physikalische Eigenschaften

Die physikalischen Eigenschaften sind auch in dieser Gruppe mit nur wenigen Ausnahmen regelmäßig nach steigender Atommasse abgestuft. In Analogie zu den Nachbarelementen der siebten und neunten Nebengruppe nehmen vom Eisen zum Osmium Dichte, Schmelzpunkte und -wärmen sowie Siedepunkte und Verdampfungswärmen zu, die chemische Reaktionsfähigkeit geht dagegen deutlich zurück. Auch hier tritt kein Effekt der Schrägbeziehung auf, also leitet Eisen hinsichtlich seiner Eigenschaften nicht zum Rhodium über.

4.2 Chemische Eigenschaften

Die Elemente der Eisengruppe sind teils sehr reaktionsfähig (Eisen), wogegen Ruthenium und Osmium nahezu das Gegenteil dessen darstellen: Diese beiden Metalle gehören zur insgesamt sechs Elemente umfassenden Gruppe der Platinmetalle und sind durchweg sehr reaktionsträge. Jene sind an der Luft stabil – nur fein verteiltes Osmium oxidiert in Spuren zum flüchtigen Osmiumtetroxid! – und sind in vielen Säuren und Laugen unlöslich. Sie reagieren meist nur unter Anwendung drastischer Methoden, auch mit reaktiven Nichtmetallen (Halogene, Sauerstoff) reagieren sie erst bei hoher Temperatur.

© Springer Fachmedien Wiesbaden 2017

H. Sicius, *Eisengruppe: Elemente der achten Nebengruppe*, essentials,
DOI 10.1007/978-3-658-15561-2_4

5 Einzeldarstellungen

Im folgenden Teil sind die Elemente der Eisengruppe (8. Nebengruppe) jeweils einzeln mit ihren wichtigen Eigenschaften, Herstellungsverfahren und Anwendungen beschrieben.

5.1 Eisen

Symbol:	Fe		
Ordnungszahl:	26		
CAS-Nr.:	7439-89-6		
Aussehen:	Grauweiß glänzend	Eisen (Stange), Metallium Inc. 2016	Eisen (Stück), Lenntech BV 2016
Entdecker, Jahr	Mesopotamien, 3000 v. Chr.		
Wichtige Isotope [natürliches Vorkommen (%)]	Halbwertszeit (a)	Zerfallsart, -produkt	
$^{54}_{26}Fe$ (5,8)	Stabil	-----	
$^{56}_{26}Fe$ (91,72)	Stabil	-----	
$^{57}_{26}Fe$ (2,2)	Stabil	-----	
$^{58}_{26}Fe$ (0,28)	Stabil	-----	
Massenanteil in der Erdhülle (ppm):		47.000	
Atommasse (u):		55,845	
Elektronegativität (Pauling ♦ Allred&Rochow ♦ Mulliken)		1,83 ♦ K. A. ♦ K. A.	
Normalpotential: $Fe^{2+} + 2 e^{-} > Fe$ (V)		-0,44	
Atomradius (berechnet) (pm):		140 (156)	
Van der Waals-Radius (pm):		Keine Angabe	

© Springer Fachmedien Wiesbaden 2017
H. Sicius, *Eisengruppe: Elemente der achten Nebengruppe*, essentials,
DOI 10.1007/978-3-658-15561-2_5

Kovalenter Radius (pm):	123 (low spin), 152 (high spin)
Ionenradius (Fe^{2+}/Fe^{3+}, pm)	82 / 67
Elektronenkonfiguration:	[Ar] $3d^6 4s^2$
Ionisierungsenergie (kJ / mol), erste ♦ zweite ♦ dritte:	763 ♦ 1562 ♦ 2957
Magnetische Volumensuszeptibilität:	-----
Magnetismus:	Ferromagnetisch
Kristallsystem:	α-Fe: Kubisch-raumzentriert, β-Fe: Kubisch-flächenzentriert
Elektrische Leitfähigkeit([A / (V · m)], bei 300 K):	$1 \cdot 10^7$
Elastizitäts- ♦ Kompressions- ♦ Schermodul (GPa):	211 ♦ 170 ♦ 82 (α-Fe)
Vickers-Härte ♦ Brinell-Härte (MPa):	608 ♦ 200-1180 (α-Fe)
Mohs-Härte	4,0
Schallgeschwindigkeit (longitudinal, m/s, bei 293,15 K):	4910
Dichte (g / cm^3, bei 293,15 K)	7,874
Molares Volumen (m^3 / mol, im festen Zustand):	$7{,}09 \cdot 10^{-6}$
Wärmeleitfähigkeit [W / (m · K)]:	80
Spezifische Wärme [J / (mol · K)]:	25,10
Schmelzpunkt (°C ♦ K):	1538 ♦ 1811
Schmelzwärme (kJ / mol)	13,8
Siedepunkt (°C ♦ K):	2862 ♦ 3135
Verdampfungswärme (kJ / mol):	354

Vorkommen

Eisen ist in der Erdhülle mit einem Massenanteil von 4,7 % das vierthäufigste Element. In der Erdkruste bzw. der gesamten Erdkugel ist sein Anteil mit 5,6 bzw. 28,8 % (!) sogar noch höher. In Kombination mit Nickel stellt es sehr wahrscheinlich den Hauptbestandteil des Erdkerns. Man vermutet, dass Konvektionsströmungen flüssigen Eisens im äußeren Kern das Erdmagnetfeld erzeugen.

Im Universum steht Eisen, trotz seiner hohen Ordnungszahl von 26, immerhin noch an neunter Stelle der Häufigkeitsverteilung der Elemente. Eisenisotope sind daneben die schwersten Atome, die im Inneren von Sternen noch durch Kernfusion erzeugt werden.

Als wichtigste Eisenerze werden heute Magnetit (Eisen-II, III-oxid) und Hämatit (Eisen-III-oxid) abgebaut, wobei die größten Vorkommen in den gebänderten Formationen enthalten sind (Takonit oder Itabirit). Gelegentlich findet man auch elementares Eisen in der Natur, meist nur in Form kleiner, von Gestein umgebener Bläschen, aber auch großvolumiger Aggregate, die mehrere t wiegen können. Metallisches Eisen ist in den Systematiken nach Strunz und Dana als eigenständiges Mineral aufgeführt. Die meisten der etwas über 100 Funde weltweit rühren von Meteoriteneinschlägen her; in diesen Meteoriten enthält der Metallkern neben Eisen allerdings erhebliche Beimengungen an Nickel. Die Eisenerze sind dagegen sehr häufig, wie zum Beispiel Magnetit (Magneteisenstein, Fe_3O_4), Hämatit (Roteisenstein, Fe_2O_3), Pyrrhotin (Magnetkies, FeS), Pyrit (Eisenkies, FeS_2) und Siderit (Eisenspat, $FeCO_3$). Insgesamt sind ca. 1500 Eisenminerale bekannt.

Gewinnung

Zurzeit ist die Volksrepublik China mit einer Gesamtmenge produzierten Roheisens von jährlich ca. 650 Mio. t das mit Abstand wichtigste Herstellerland, danach folgen Japan (85 Mio. t) und Russland (ca. 50 Mio. t), was für alle drei Nationen zusammen einen Anteil an der gesamten Weltproduktion von mehr als zwei Drittel ausmacht. In Europa sind die bedeutendsten Produktionsländer Deutschland, Frankreich, Italien, das Vereinigte Königreich und die Ukraine. Die gesamte Menge über und unter Tage abgebauten Eisenerzes liegt bei knapp 3 Mrd. t Erz, wovon ein Anteil von über 80 % an dieser Menge auf China, Indien, Russland, Australien und Brasilien entfällt. Die früher wichtigen Eisenerzproduzenten Frankreich, Deutschland und Schweden sind demgegenüber bedeutungslos geworden. Jedoch wird in den Wertstoffkreislauf zurückgeführter Schrott als Quelle für metallisches Eisen immer wichtiger.

Um im Hochofen zu metallischem Eisen umgesetzt werden zu können, muss das Eisenerz in Form großer, gesinterter Brocken darin eingebracht werden. Fein verteiltes Erz ist wegen der starken Luftbewegungen im Ofen unbrauchbar. Größere Erzstücke kann man ohne weitere Vorbehandlung verwenden, kleinere sintert man zusammen mit Kalkstein, feinkörnigem Koks und Wasser meist in Form feuchter Roh-Pellets auf sogenannten Wanderrosten (Förderbändern). Von unten her wird Gas durch den Wanderrost geleitet, das dann entzündet wird, wodurch eine Flammenfront auf die Pellets trifft, die dadurch kurz angeschmolzen und zu Pellets gebrannt werden. Diese Pelletieranlagen sind meist noch in der Nähe der Erzmine zu finden (Abb. 5.1).

In den schachtförmig aufgebauten Hochofen werden abwechselnd Lagen aus Koks und Erz in spiralförmiger Verteilung geschüttet. Im oberen Teil des Ofens befinden sich Bunker, die zur Ausschleusung von Gasen dienen, und die unten im Ofen installierten Kokslagen ermöglichen auch durch die zusammengebackene Reaktionsmischung hindurch das Durchströmen des Prozessgases (Luft). Das ca. 2000 °C heiße Prozessgas trocknet und erhitzt Kohle und Erz, wobei bei sehr hoher Temperatur die Reaktion:

$$Fe_2O_3 + 3\,C \rightarrow Fe + 3\,CO$$

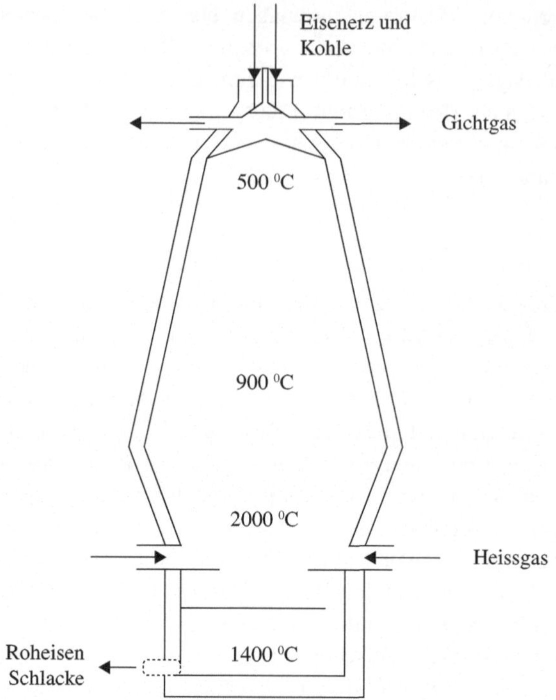

Abb. 5.1 Schematischer Aufbau eines Hochofens. (Fuchs 2004)

einsetzt. Die flüssigen Reaktionsprodukte, Eisen und Schlacke, fließen in den unteren Teil des Ofens, aus dem sie in regelmäßigen Abständen durch ein Loch abgelassen werden müssen („Abstich"). Das flüssige Eisen ist zunächst mit der flüssigen Schlacke vermischt und weist eine Temperatur von knapp 1500 °C auf. Das infolge des Gehaltes an Kohlenstoff bei dieser Temperatur bereits flüssige Eisen trennt man außerhalb des Ofens von der auf ihm schwimmenden Schlacke und gießt es in Transportpfannen. Diese Pfannen, gefüllt mit dem dann erstarrten Eisen, verbringt man zum Stahlwerk.

Die Schlacke besteht hauptsächlich aus Calciumalumosilikat, da im als Ausgangsstoff dienenden Eisenerz oft Aluminiumoxid und Silikat enthalten sind und man zur weiteren Erniedrigung des Schmelzpunktes dem Erz noch Kalk zusetzt. Diese Schlacke wird mit Wasser verdüst, erstarrt dabei durch das Abschrecken als feinkörniges Glas (Schlackensand), das gemahlen und als Füller für Beton eingesetzt wird. Auf eine t Eisen kommen etwa 250 kg Schlacke.

Das oben aus dem Ofen austretende, kohlenmonoxidhaltige Gas ist brennbar; man verwendet es zum Erhitzen des Prozessgases. Nach etwa acht Stunden hat der Inhalt einer Füllung des Hochofens durchreagiert.

Das aus dem Hochofen austretende, zum Stahlwerk verbrachte Eisen hat meist einen Eisengehalt von nur ca. 95 % und ist so für die meisten Anwendungen noch nicht einsetzbar, da es zu viel Schwefel, Kohlenstoff, Silicium und Phosphor enthält. Im Stahlwerk entschwefelt man daher zunächst durch Einblasen von Calciumcarbid, Magnesium oder Branntkalk, zieht die bei der Entschwefelungsreaktion resultierende Schlacke ab und verbläst anschließend das Roheisen mit Zusätzen gebrannten Kalks in einem Konverter mit Sauerstoff. Die oben genannten Verunreinigungen werden dabei verbrannt: Silicium zu Siliciumdioxid, Kohlenstoff zu Kohlendioxid und Phosphor zu Phosphat, das als Calciumphosphat gebunden wird. Das flüssige Eisen hat hiernach eine Temperatur von 1600 °C. Es enthält so viel Sauerstoff, dass beim Erstarren des Metalls der noch darin verbliebene Kohlenstoff zu Kohlenmonoxid reagiert, das in Form von Blasen im Eisen eingeschlossen bleibt. Da die Festigkeit des Stahls hierunter leiden würde, muss der Sauerstoff aus dem flüssigen Stahl entfernt werden. Daher gibt man beim Abstechen des flüssigen Eisens diesem Aluminium zu.

Neben der sehr energieintensiven und daher teuren Erzeugung von Stahl im Hochofen existiert eine ganze Reihe alternativer Produktionsverfahren, bei denen jeweils porenhaltiges Roheisen (Eisenschwamm) anfällt:

Schachtofen: In den Kopf des kurzen Ofens führt man vorerhitzte eisenhaltige Stückerze ein, die mit einem 1000 °C heißen, am Boden des Ofens eingelassenen Gasgemisch (Kohlenmonoxid, Wasserstoff, Wasser. Kohlendioxid, Methan) zu Eisen einer Reinheit von 85–95 % reduziert werden (Wiberg, Purofer, Midland-Ross).

Retorte: In diese aus Keramik bestehenden Reaktoren bringt man hoch eisenhaltige Erze, gemischt mit Kohle und Kalkstein, ein, oder reduziert die Erze direkt mit Erdgas. Auch hierbei resultiert Eisen einer Reinheit von ca. 80–95 % (Höganäs, Corex).

Drehrohrofen: Eine Mischung aus Eisenerz in Form von Stücken oder Pellets mit Braunkohle und ggf. Heizöl wird in bis zu 100 m lange Öfen gefüllt und in diesen bis zu einer Temperatur von 1050 °C aufgeheizt (Verfahren nach Krupp, RN, SL). Ergebnis ist Eisenschwamm einer Reinheit von 85–90 %.

Eine Abwandlung dieser Methode ist das schwedische Dored-Verfahren (Domnarf-Reduktion), bei dem das vorerhitzte Eisenerz ebenfalls mit Kohle oder Koks in einen Drehrohrofen eingebracht wird. Das bei der Reaktion frei werdende Kohlenmonoxid wird durch Einblasen von Sauerstoffgas zu Kohlendioxid verbrannt, wobei im Inneren des Ofens Temperaturen bis zu 1350 °C erreicht werden. Dadurch wird flüssiges Roheisen erzeugt.

Wirbelschichtreaktor: Darin wird feinkörniges Eisenerz aufgewirbelt und mittels Erdgas oder Wasserstoff zu Eisenschwamm reduziert (H-Iron, Fior- und Finex-Verfahren).

Elektroofen: Diese Methode erfordert einen hohen Einsatz von Energie (bis zu 2500 kWh pro t Roheisen) und ist nur bei Angebot preiswerten Stroms wirtschaftlich realisierbar. Dies gilt besonders für diejenigen Modifikationen des Verfahrens, bei denen die Reaktionsteilnehmer auch noch vorgewärmt und vorreduziert werden müssen (Udy- und Elektrokemisk-Verfahren).

Eigenschaften

Physikalische Eigenschaften: Das stahlgraue Eisen kristallisiert kubisch und schmilzt bei einer Temperatur von 1535 °C. Unterhalb einer Temperatur von 910 °C, also auch bei Raumtemperatur, ist die kubisch-raumzentriert (im Wolfram-Typ) kristallisierende α-Modifikation (Ferrit) stabil, deren Ferromagnetismus oberhalb einer Temperatur von 766 °C (Curie-Temperatur) in Paramagnetismus übergeht. Zwischen 910 und 1390 °C ist die γ-Modifikation (Austenit) am beständigsten, die kubisch-flächenzentrierte Struktur (Kupfer-Typ) aufweist. Zwischen einer Temperatur von 1390 °C und dem bei 1535 °C liegenden Schmelzpunkt ist erneut eine kubisch-raumzentrierte Modifikation (δ-Ferrit) am stabilsten.

Ebenso bewirkt die Einwirkung hoher Drücke Änderungen von Modifikationen: Drücke von > 15 GPa bewirken bei Temperaturen bis etwa zur Rotglut die Umwandlung von α-Eisen in ε-Eisen, das hexagonal-dichtest kristallisiert. Im Existenzbereich des γ-Eisens findet die entsprechende Umwandlung zu ε-Eisen statt. Die eventuelle Existenz eines β-Eisens – mit noch unklarer Struktur – ist nicht gesichert.

Im Kern der Isotope $^{56}_{26}Fe$ und $^{58}_{26}Fe$ herrscht eine besonders hohe Bindungsenergie, erkennbar durch den sehr hohen Massendefekt, weswegen diese als stabile Endglieder der Kernfusionsreihen in Sternen gebildet werden.

Chemische Eigenschaften: Eisen ist ein unedles Metall und reagiert zügig, zum Teil auch heftig, mit vielen Stoffen. Es ist aber an trockener Luft beständig, ebenso in trockenem Chlor und konzentrierter Schwefel- und Salpetersäure (!). Auch stark basische Stoffe greifen es zumindest in der Kälte kaum an.

In verdünnten Mineralsäuren löst es sich jedoch schnell unter Entwicklung von Wasserstoff und der Bildung von Eisen-II-Salzen auf. Feuchte Luft korrodiert Eisen zu Eisenoxidhydrat (Rost). In verteiltem Zustand kann sich metallisches Eisen an der Luft auch spontan entzünden; ebenfalls heftig reagiert erhitztes Eisen in Chlor oder Brom. In stöchiometrischem Mengenverhältnis mit Schwefel erhitzt, entsteht Eisen-II-sulfid. Auch mit weiteren Nichtmetallen (Phosphor, Kohlenstoff oder Silicium) reagiert Eisen bei erhöhter Temperatur zu Phosphiden, Carbiden oder Siliciden.

Verbindungen

In chemisch gebundenem Zustand tritt Eisen fast nur in den Oxidationsstufen + 2 und + 3 auf.

Verbindungen mit Chalkogenen: Eisen bildet mit Sauerstoff einige Oxide, die aber alle keine auf dem Metall fest haftende Schutzschicht bilden. Daher oxidiert ein der Atmosphäre ausgesetztes Stück Eisen im Laufe der Zeit vollständig. Das künstliche Aufbringen einer Oxidschicht („Brünieren") verlangsamt bestenfalls die Korrosion, hält sie aber nicht auf (Kickelbick 2008). Eisenoxide und Eisenhydroxide setzt man als Pigmente und sogar als Lebensmittelzusatzstoffe (E 172) ein.

Eisen-III-oxid (Fe_2O_3) ist eine rotbraune Substanz, die bei einer Temperatur von 1565 °C schmilzt und eine Dichte von 5,24 g/cm^3 besitzt. Es wird bei der Oxidation von Eisen mit überschüssigem Sauerstoff gebildet; alternativ ist es durch Brennen von Eisen-III-oxid-hydroxid darstellbar. In der Natur kommt es in Form der Minerale Hämatit (trigonal) und Maghemit (kubisch) vor (Abb. 5.2).

Eisen-III-oxid verwendet man in sehr großer Menge als Pigment verschiedener Tönung zum Einfärben etwa von Betonpflastersteinen oder in der Malerei (Wehlte 1967). Da es magnetisierbar ist, enthalten es auch die Beschichtungen von Tonbändern sowie auch bei der Magnetresonanztomografie eingesetzte Kontrastmittel. Eine für das Schweißen von Eisenbahnschienen sowie Eisenkonstruktionen fast aller Art benutzte Methode ist das Thermit-Verfahren, bei dem durch Reaktion von Eisen-III-oxid mit Aluminiumpulver flüssiges Eisen erzeugt wird:

$$2\,Al + Fe_2O_3 \rightarrow 2\,Fe + Al_2O_3$$

Eisen(II,III)-oxid (Fe_3O_4) ist in der vulkanischen Lava enthalten und bildet sich auch beim Verbrennen von Eisen an der Luft. In reiner Form gewinnt man

Abb. 5.2 Eisen-III-oxid, reines Pulver. (BXXXD 2005)

es durch Reduktion von erhitztem Eisen-III-oxid mit Wasserstoff (Brauer 1981, S. 1647).

$$3\,Fe_2O_3 + H_2 \rightarrow 2\,Fe_3O_4 + H_2O$$

Die mineralische Form nennt man Magnetit. Die Verbindung schmilzt bei einer Temperatur von 1538 °C und ist ein schwarzes, ferrimagnetisches, gegenüber Erhitzen an der Luft stabiles Pulver. Es ist unlöslich in Wasser, Säuren und Laugen, jedoch in Flusssäure. Man verwendet es für stabile schwarze Einfärbungen, in den magnetischen Schichten von Ton- und Videobändern und in großen Mengen als Katalysator, zum einen bei der Haber-Bosch-Synthese von Ammo niak, aber auch bei der Dehydrierung von Ethylbenzen zu Styrol.

Das schwarze, bei niedrigen Temperaturen instabile *Eisen-II-oxid (FeO)* kann man in reinem Zustand nur durch langsames Erhitzen von *Eisen-II-oxalat* (FeC_2O_4) im Vakuum und anschließendes schnelles Abkühlen herstellen:

$$Fe\,C_2O_4 \rightarrow FeO + CO + CO_2$$

Derart dargestelltes, fein verteiltes Eisen-II-oxid kann sich an der Luft spontan entzünden. In der Natur kommt die Verbindung in Form des Minerals Wüstit vor.

Alternative Herstellverfahren beinhalten die Reduktion von Eisen-III-oxid mit Wasserstoff bzw. Kohlenstoffmonoxid oder aber die Reaktion von Eisen unter geringerem Sauerstoffdruck oder mit Wasserdampf bei Temperaturen oberhalb von 560 °C (Holleman et al. 2007, S. 1652). Eisen-II-oxid schmilzt bzw. siedet bei Temperaturen von 1369 bzw. 3414 °C und besitzt eine Dichte von 5,75 g/cm^3. Es ist antiferromagnetisch mit einer Néel-Temperatur von 198 K (−75 °C).

Eisen-II-sulfid (FeS) bildet im Reinzustand hellbraune Kristalle mit Nickelarsenidstruktur. Technische und somit verunreinigte Ware ist dunkelgrau bis schwarz. Es schmilzt bei einer Temperatur von 1195 °C und hat die Dichte 4,84 g/cm^3. Die Verbindung ist zwar unlöslich in Wasser, wird aber durch verdünnte Mineralsäuren unter Bildung von Schwefelwasserstoff zersetzt (Anm.: dies ist der klassische, in fast allen Lehrbüchern der Chemie zitierte Versuch zur Herstellung von Schwefelwasserstoff):

$$FeS + 2\,HCl \rightarrow FeCl_2 + H_2S$$

Im Labor und auch in der Technik stellt man es durch Erhitzen eines Gemisches von Eisen- und Schwefelpulver her. In der Natur findet man die Verbindung kristallin als Pyrrhotin, Troilit und Mackinawit (Holleman et al. 2007, S. 1657). Eisen-II-sulfid ist das die schwarze Färbung hervorrufende Endprodukt der anaeroben Korrosion durch Bakterien.

Verbindungen mit Halogenen: *Eisen-III-fluorid (FeF_3)* gewinnt man durch Umsetzung von wasserfreiem Eisen-III-chlorid mit Fluorwasserstoff (Brauer 1975, S. 275). Die Substanz ist ein hellgrüner, bei einer Temperatur von 1030 °C schmelzender, trigonal kristallisierender (Leblanc et al. 1985; Sowa und Ahsbahs 1998) Feststoff, der in Wasser sehr schwer löslich ist. In einer weiteren Modifikation kristallisiert die Verbindung in einer Pyrochlor-ähnlichen Struktur (Ferey und De Paper 1986). Man setzt Eisen-III-fluorid in geringer Menge in der Keramikindustrie ein.

Eisen-II-fluorid (FeF_2) erhält man analog durch Reaktion von Eisen-II-chlorid mit Fluorwasserstoff (Brauer 1975, S. 274), jedoch nur in amorpher Form. Um es in kristalliner Form und in reinweißer Farbe zu erhalten, muss man die – bei einer Temperatur von 1100 °C schmelzende – Substanz auf 1000 °C erhitzen und strikt unter Ausschluss von Luftfeuchtigkeit arbeiten. Das Tetrahydrat ist dagegen braun und nur schlecht löslich in Wasser. Eisen-II-fluorid wird meist als Ausgangsstoff zur Herstellung weiterer Eisen(II)-Verbindungen verwendet (Housecroft und Sharpe 2004), darüber hinaus gelegentlich als Katalysator bei Fluorierungen (Wildermuth et al. 2000).

Wasserfreies *Eisen-III-chlorid ($FeCl_3$)* ist eine schwarze Substanz, die bei einer Temperatur von 304 °C schmilzt, bei 319 °C bereits siedet und sogar schon ab einer Temperatur von 120 °C sublimiert. Sie riecht infolge Hydrolyse stechend nach Salzsäure und ist stark hygroskopisch; mit steigendem Wassergehalt hellt sich ihre Farbe über rotbraun bis ockergelb [Hexahydrat ($FeCl_3 \cdot 6\,H_2O$)] auf. Letzteres bzw. dessen wässrige Lösung reagiert infolge Hydrolyse stark sauer. Ebenso ist Eisen-III-chlorid auch eine starke Lewis-Säure. Beim Erhitzen zersetzt sich das Hydrat unter -nahezu – vollständiger Bildung von Wasserdampf und Chlorwasserstoff, womit es unmöglich ist, auf diesem Wege wieder die wasserfreie Verbindung zu erhalten. Nur durch gemeinsames Erhitzen von Hexahydrat und Thionylchlorid ist die wasserfreie Verbindung wieder zugänglich, dabei fungiert Thionylchlorid als „Wasserfänger“, indem es mit Wasser zu Chlorwasserstoff und Schwefeldioxid reagiert:

$$FeCl_3 \cdot 6\,H_2O \rightarrow FeCl_3 + 6\ SO_2 + 12\ HCl$$

Die Darstellung des Eisen-III-chlorids erfolgt durch Überleiten von Chlor über Eisendraht oder -wolle bei Temperaturen von 250 bis 400 °C sowie anschließende Sublimation zu Reinigungszwecken. Selbst Spuren an Wasser müssen dabei ausgeschlossen werden (Brauer 1981, S. 1641):

$$2\,Fe + 3\,Cl_2 \rightarrow 2\,FeCl_3$$

Das kristallwasserhaltige Salz ist durch Auflösen von Eisen in Salzsäure gewinnbar, wobei sich zunächst *Eisen-II-chlorid ($FeCl_2$)* bildet. Durch nachfolgendes Einleiten von Chlor in diese wässrige Lösung entsteht schließlich Eisen-III-chlorid.

Im technischen Maßstab produziert man Eisen-III-chlorid durch Überleiten von Chlor über Eisenschrott bei einer Temperatur von rund 650 °C (Abb. 5.3 und 5.4).

Ähnlich wie Aluminiumchlorid zeigt die schichtartige Festkörperstruktur des Eisen-III-chlorids schon stark kovalente Bindungsanteile. Im gasförmigen Zustand liegen kurz oberhalb des Sublimationspunkts dimere Einheiten (Fe_2Cl_6) vor, die sich bei noch höherer Temperatur zum Monomer abbauen.

Wässrige Lösungen von Eisen-III-chlorid verwendet man zum Oxidieren und Ätzen von aus Kupfer bestehenden Oberflächen von Leiter- und Druckplatten:

$$2\,FeCl_3 + Cu \rightarrow 2\,FeCl_2 + CuCl_2$$

Abb. 5.3 Eisen(III)-chlorid-Hexahydrat granuliert. (BXXXD 2006)

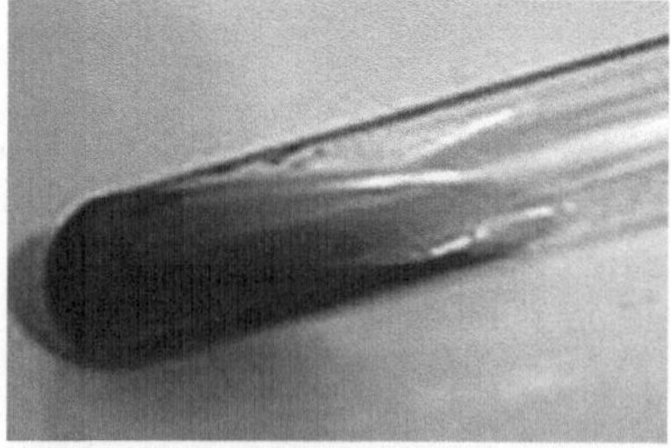

Abb. 5.4 Wässrige $FeCl_3$-Lösung. (Tmv23 2010)

Ferner bindet man mit Eisen-III-chlorid geruchsintensive Schwefelverbindungen und setzt es bei der Abwasserbehandlung als Flockungsmittel ein. Die wasserfreie Verbindung dient als Katalysator bei Friedel-Crafts-Alkylierungen, wenngleich der Trend weg von Chloriden hin zu Oxiden geht (auch da erweist sich jedoch Eisen-III-oxid als gut wirksam). In wässriger Lösung setzt man es als Farbbeize beim Textildruck ein, in der Medizin zur Behebung von Eisenmangel, zum Ätzen von Metallen und Platinen bei gedruckten Schaltungen sowie bei der Herstellung von Farbstoffen (z. B. Anilinschwarz). Eisen-III-chlorid wirkt auf Haut und Schleimhäute stark ätzend.

Wirkt Eisen-III-chlorid leicht oxidierend, so ist *Eisen-II-chlorid* ($FeCl_2 \cdot 6 H_2O$) eher ein Reduktionsmittel. Man setzt es zum Ausfällen von Sulfiden, zur Entschwefelung von Faulgas und Biogas sowie zur Reduktion von Chromat ein.

Eisen-III-bromid ($FeBr_3$) erzeugt man durch Reaktion von Eisen mit Brom (Brauer 1981, S. 1643) oder auch bei der Aufarbeitung von Kaliumbromidlaugen. Die Verbindung bildet im wasserfreien Zustand braunrote, sehr hygroskopische Kristalle trigonaler Struktur (Armbruster et al. 2000), die sich beim Erhitzen auf Temperaturen um 200 °C zu Eisen-II-bromid und Brom zersetzen. Man nutzt die Substanz öfters als lewissauren Katalysator bei aromatischen Substitutionen (z. B. die zur Bildung von Brombenzol führende elektrophile aromatische Substitution) ein.

Eisen-II-iodid (FeI_2) erhält man aus den Elementen bei Temperaturen um 500 °C (Brauer 1981, S. 1645) oder elegant, wenn auch in sehr fein verteilter Form, durch Thermolyse von Tetracarbonyldiiodidoeisen-II $[Fe(CO)_4I_2]$. Es ist ein rotvioletter bis schwarzer, wasseranziehender, bei 315 °C schmelzender, trigonal kristallisierender Feststoff (Blachnik et al. 1998, S. 454) der Dichte 5,3 g/cm^3. Die Verbindung ist in Wasser, Ethanol und Diethylether löslich; gerade in gelösten Zustand wird Eisen-II-iodid schnell oxidiert (Lautenschläger 2007, S. 410).

Eisen-II-iodid-Tetrahydrat ist ein schwarzer Feststoff, der ebenfalls in Ethanol und Wasser löslich ist und sich schon bei Temperaturen von knapp unter 100 °C zersetzt. Die Verbindung ist Bestandteil einiger homöopathischer Medikamente, ist aber auch ein Katalysator zur Synthese von Alkalimetalliodiden (Perry 2011, S. 483).

Sonstige Verbindungen: *Eisencarbid* (Fe_3C), auch Zementit genannt, bildet grauschwarze, sehr harte Kristallnadeln orthorhombischer Struktur, die bei einer Temperatur von 1837 °C schmelzen. Die Dichte der Verbindung beträgt 7,7 g/cm^3. Eisencarbid ist spröde, daher schlecht verformbar, und ist unterhalb der Curie-Temperatur von 215 °C ferromagnetisch. Langes Glühen und/oder langsames Abkühlen führt zur Zersetzung der Verbindung in Eisen und Kohlenstoff.

Eingesetzt wird Eisencarbid als dünn auf einen Träger aufgebrachter Katalysator bei einigen chemischen Verfahren (Schnepp et al. 2010).

Zementit bildet sich in verschiedenen Phasen des Hochofenprozesses aus Eisen und Kohle. Primärzementit ist derjenige Zementit, der aus der Schmelze heraus kristallisiert, wogegen Sekundärzementit durch Ausscheidung aus Austenit und der Tertiärzementit durch Ausscheidung aus Ferrit gebildet werden (Gobrecht und Rumpler 2006, Abb. 5.5).

Eisen-II-sulfat ($FeSO_4 \cdot 7\ H_2O$) wird wegen seiner Farbe auch Grünsalz genannt, als Mineral Melanterit. Die Anwendungen sind ähnliche wie die zuvor schon für Eisen-II-chlorid; am wichtigsten ist die als Reduktionsmittel für Chromat.

Anwendungen

Eisen ist mit Abstand das am meisten verwendete Metall weltweit. Es ist weithin verfügbar, und die aus ihm und ggf. anderen Metallen wie Kobalt, Nickel, Chrom und Molybdän hergestellten Stähle sind wegen ihrer Verschleißfestigkeit und Härte unverzichtbare und in riesigen Mengen verwendete Grundstoffe. Man setzt es zur Produktion von Landfahrzeugen aller Art, im Schiffbau und im Bausektor (Stahlbeton) ein.

Als eines der insgesamt nur drei ferromagnetischen Metalle (neben Kobalt und Nickel) ermöglicht Eisen den Bau elektrotechnischer Bauteile aller Art (Transformatoren, Drosseln, Relais, Elektromotoren). Es ist Grundbestandteil von Magneten und wird zwecks Modifikation hierzu auch oft mit anderen Metallen legiert. International sind Tausende verschiedener Eisensorten und Stähle genormt; die wichtigsten Gruppen sind:

Stahl ist die höchste Veredelungsstufe des Eisens und im Gegensatz zu Gusseisen schmied- und walzbar. Durch geeignete Kombination der

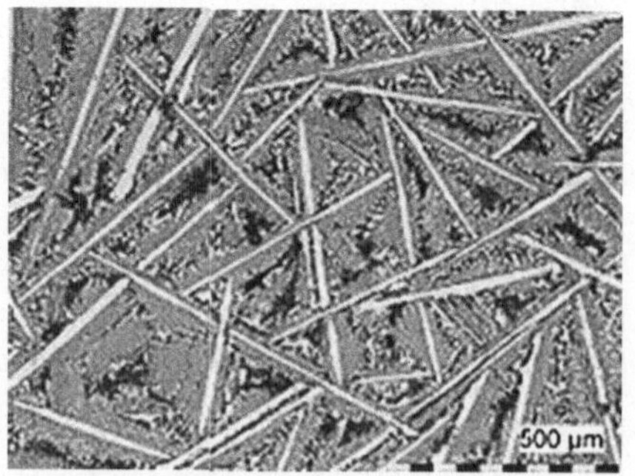

Abb. 5.5 Kristallnadeln von Primärzementit. (Eisenbeisser 2007)

mechanischen Bearbeitungsverfahren kann man die Eigenschaften des Stahls sehr unterschiedlich gestalten. Im Stahl sind 0,06–2,06 % Kohlenstoff enthalten.

Im *Gusseisen* sind 2,06–6,67 % Kohlenstoff (als Grafit oder Carbid) und weitere Elemente, wie beispielsweise Silicium und Mangan, enthalten. Gusseisen ist sehr hart und spröde und ist daher mechanisch auch nicht zu behandeln. Je nach Aussehen der Bruchflächen spricht man von weißem oder von grauem Gusseisen.

Im *Roheisen* ist ebenfalls viel Kohlenstoff enthalten (4–5 %), außerdem noch unterschiedliche Anteile an Schwefel, Phosphor und Silicium. Roheisen ist Zwischenprodukt bei der Herstellung von Gusseisen und Stahl.

Physiologie, Toxizität

Eisen ist für nahezu alle Organismen essenziell. Bei Tieren ist es meist für die Blutbildung wichtig, wogegen es bei Pflanzen in die Photosynthese sowie die Bildung von Chlorophyll und Kohlenhydraten eingreift. Im menschlichen und tierischen Körper ist Eisen das Zentralatom des Kofaktors Häm b in Hämoglobin und Myoglobin. In bestimmten Eiweißen und Nicht-Häm-Eisenenzymen (Methan-Monooxygenase, Ribonukleotid-Reduktase, Hämerythrin) sorgt es für den Transport, die Speicherung und die Umsetzung des Sauerstoffs.

Auch in einigen lebenswichtigen schwefelhaltigen Enzymen kommt Eisen vor (Nitrogenasen, Hydrogenasen, Katalase). Letztere baut in Zellen das Zellgift Wasserstoffperoxid ab. In der Zelle selbst speichert das Enzym Ferritin Eisen.

Bakterien nutzen Fe-III als Oxidations- und Fe-II als Reduktionsmittel. Ein Beispiel für letztgenannte Anwendung ist die bakterielle Reduktion von Kohlendioxid. Sie reduzieren es damit zu Fe-II, was eine Mobilisierung von Eisen bedeutet, da die meisten Fe-III-Verbindungen schwer wasserlöslich sind, die meisten Fe-II-Verbindungen aber gut wasserlöslich. Einige fototrophe Bakterien nutzen Fe-II als Elektronendonator für die Reduktion von CO_2 (Widdel et al. 1993).

Der Tagesbedarf von Eisen beträgt für Frauen etwa 15, für Männer 10 mg. Gleichzeitige Einnahme von Vitamin C erhöht die Resorption des Eisens erheblich, wogegen Kaffee, schwarzer Tee und Milch sie deutlich senken. Eisen findet sich in größeren Mengen vor allem in Hülsenfrüchten, Blutwurst, Leber und Vollkornbrot. Eine überreiche Zufuhr von Eisen kann auch gesundheitsschädlich wirken (Kohgo et al. 2008; Auerbach und Ballard 2010; McDermid und Lönnerdal 2012). Ob gewisse Krankheiten (Parkinson, Alzheimer) durch überhöhte Dosierungen an Eisen begünstigt werden, ist gegenwärtig Stand der Forschung (Schaible und Kaufmann 2004).

Man sollte daher eisenhaltige Präparate nur dann einnehmen, wenn auch wirklich ein ärztlich bescheinigter Eisenmangel vorliegt.

Die Aufnahme löslichen Eisen-II durch Pflanzen kann durch zu starke Bodenverdichtung, verbunden mit einem Sauerstoffmangel im Boden, begünstigt werden. Zu hohe Konzentrationen an löslichem Eisen machen sich in Pflanzen mit Symptomen einer Vergiftung bemerkbar (Fellenberg 1997).

Analytik

Fe^{2+}- und Fe^{3+}-Ionen sind mittels Thioglykolsäure nachweisbar, wobei sich intensiv rot gefärbtes Eisenthioglykolat bildet (Abb. 5.6):

$$Fe^{2+} + 2\,HS - CH_2 - C(O)OH \rightarrow \left[Fe(SCH_2COO)_2\right]^{2-} + 4\,H^+$$

Wechselseitig ist Fe^{2+} mit rotem und Fe^{3+} mit gelbem Blutlaugensalz nachweisbar:

$$3\,Fe^{2+} + 2\,K_3\left[Fe(CN)_6\right] \rightarrow Fe_3\left[Fe(CN)_6\right]_2 + 6\,K^+$$

$$6\,Fe^{2+} + 3\,K_4\left[Fe(CN)_6\right] \rightarrow Fe_6\left[Fe(CN)_6\right]_3 + 12\,K^+$$

In beiden Fällen entsteht der dunkelblaue Farbstoff Berliner Blau, da die Eisencyanoferrat-Komplexe wechselseitig ineinander übergehen.

Eine empfindliche Nachweisreaktion ist auch die Umsetzung von Eisen-III mit Thiocyanat (Rhodanid), bei der sich sofort eine tiefrote Lösung bildet (Schweda 2012, S. 337).

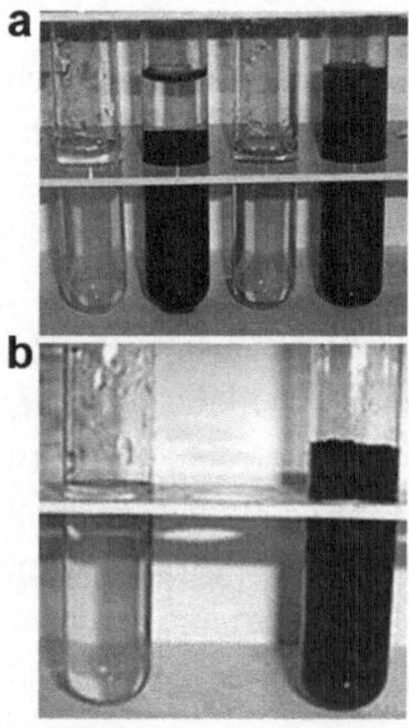

Abb. 5.6 **a** Eisensalze und deren Nachweise mit Blutlaugensalzen **b** Eisen-III-Lösung und Eisen-III-thiocyanat. (Siegert 2007)

5.2 Ruthenium

Symbol:	Ru	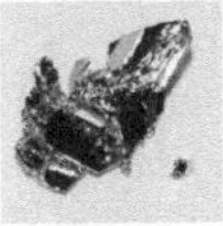	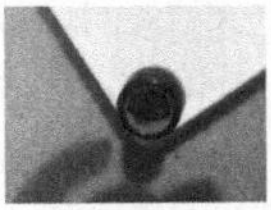
Ordnungszahl:	44		
CAS-Nr.:	7440-18-8		
Aussehen:	Silberweiß glänzend	Ruthenium (Kristall), Internetservice Kummer 2016	Ruthenium (Pulver), Sicius 2016
Entdecker, Jahr	Claus (Russland/Livland), 1844		
Wichtige Isotope [natürliches Vorkommen (%)]	Halbwertszeit	Zerfallsart, -produkt	
$^{99}_{44}Ru$ (12,7)	Stabil	-----	
$^{100}_{44}Ru$ (12,6)	Stabil	-----	
$^{101}_{44}Ru$ (17,0)	Stabil	-----	
$^{102}_{44}Ru$ (31,6)	Stabil	-----	
$^{104}_{44}Ru$ (18,7)	Stabil	-----	
Massenanteil in der Erdhülle (ppm):		0,02	
Atommasse (u):		101,07	
Elektronegativität (Pauling ♦ Allred&Rochow ♦ Mulliken)		2,2 ♦ K. A. ♦ K. A.	
Normalpotenzial: $Ru^{2+} + 2e^- \rightarrow Ru$ (V)		0,46	
Atomradius (berechnet) (pm):		130 (178)	
Van der Waals-Radius (pm):		Keine Angabe	
Kovalenter Radius (pm):		146	
Ionenradius (Ru^{3+}/ Ru^{4+}/ Ru^{5+} pm)		82 / 76 / 71	
Elektronenkonfiguration:		[Kr] $4d^7 5s^1$	
Ionisierungsenergie (kJ / mol), erste ♦ zweite ♦ dritte:		710 ♦ 1620 ♦ 2747	
Magnetische Volumensuszeptibilität:		$6{,}6 \cdot 10^{-5}$	
Magnetismus:		Paramagnetisch	
Kristallsystem:		Hexagonal	
Elektrische Leitfähigkeit([A / (V · m)], bei 300 K):		$1{,}41 \cdot 10^7$	
Elastizitäts- ♦ Kompressions- ♦ Schermodul (GPa):		447 ♦ 220 ♦ 173	
Vickers-Härte ♦ Brinell-Härte (MPa):		872 ♦ 2160	
Mohs-Härte		6,5	
Schallgeschwindigkeit (longitudinal, m/s, bei 293,15 K):		5970	
Dichte (g / cm^3, bei 293,15 K)		12,37	
Molares Volumen (m^3 / mol, im festen Zustand):		$8{,}17 \cdot 10^{-6}$	
Wärmeleitfähigkeit [W / (m · K)]:		120	
Spezifische Wärme [J / (mol · K)]:		24,06	
Schmelzpunkt (°C ♦ K):		2334 ♦ 2607	
Schmelzwärme (kJ / mol)		25,7	
Siedepunkt (°C ♦ K):		4319 ♦ 4592	
Verdampfungswärme (kJ / mol):		619	

Geschichte

Nachdem seit Anfang des 19. Jahrhunderts verschiedene Forscher versucht hatten, neue Elemente aus Platinerzen zu isolieren und dabei mit der Entdeckung von Palladium, Rhodium, Iridium und Osmium auch sehr erfolgreich waren, dauerte es noch fast 40 Jahre, bis, nach einigen Fehlversuchen (Osann 1828; Osann 1829; Hödrejärv 2004) auch das letzte der sogenannten Platinmetalle aufgefunden und in metallischer Form dargestellt wurde.

Claus wiederholte ab 1841 die etwa 20 Jahre vorher von Osann initiierten Versuche, die in der Entdeckung eines neuen, von Osann als „Ruthenium" bezeichneten neuen Stoffes gipfelten (Osann 1829), aber nicht von Berzelius bestätigt werden konnten. Claus Versuche, die Berzelius später reproduzieren und somit bestätigen konnte, führten 1844 schließlich zur Isolierung eines grauen Metalls, das er wie Osann „Ruthenium" nannte (Pitchkov 1996).

Vorkommen

Unter den nicht-radioaktiven Elementen gehört Ruthenium zusammen mit Rhodium, Iridium und Rhenium zu den seltensten überhaupt. Da es meist mit den anderen Platinmetallen vergesellschaftet vorkommt, kann es in deren Lagerstätten jedoch in relativ hoher Konzentration auftreten; so beträgt der Anteil an Ruthenium in einer der bedeutendsten Minen (Bushveld/Südafrika) an der gesamten Erzmenge 8 bis 12 % (Renner et al. 2001). Es ist, da es gediegen in der Natur vorkommt, als eigenständiges Mineral anerkannt; insgesamt kennt man zurzeit gut 20 Fundorte für elementares Ruthenium, meist in Südafrika, Russland und den USA. Darüber hinaus gibt es einige wenige Rutheniumminerale, beispielsweise Rutheniridosmin, Rutheniumsulfid (Laurit, RuS_2) oder Rutheniumarsenid [(Ru,Ni)As].

Gewinnung

Die Trennung der einzelnen Platinmetalle voneinander ist aufwendig. Zwar bestehen für jedes dieser Elemente mehrere Möglichkeiten, aber sie sind meist nur schrittweise durchführbar (wie die Flüssig-flüssig-Extraktion oder fraktionierte Fällungen) und ergeben jeweils geringe Mengen. Auch für Ruthenium stehen diese Wege zur Verfügung. Enthält das Erz vergleichsweise hohe Konzentrationen an Ruthenium, trennt man es am besten destillativ ab. Dies wird dadurch erreicht, dass man eine Ru-III oder Ru-VI enthaltende Lösung mit starken Oxidationsmitteln wie Chlor, Chloraten oder Kaliumpermanganat behandelt, nachdem man Ammoniumionen zuvor aus der Lösung entfernt hat. Diese Oxidationsmittel überführen Ruthenium in das leicht flüchtige *Ruthenium-VIII-oxid* (RuO_4), das man abdestilliert und in verdünnter Salzsäure auffängt, in der man es zu wasserlöslichen Chlororuthenaten reduziert (Renner et al. 2001). Die Ammoniumionen müssen deshalb entfernt werden, weil Chlor oder Chlorate mit ihnen zu explosivem Chlorstickstoff reagieren können.

Enthält das Erz dagegen nur geringe Mengen an Ruthenium, trennt man zuerst die restlichen Platinmetalle nach den oben genannten Verfahren ab. Am Ende bleibt wiederum das wässrig gelöste Ruthenium zurück, das nach Entfernen der Ammoniumionen wieder mit starken Oxidantien zu Ruthenium-VIII-oxid umgesetzt wird. Jenes destilliert man wiederum ab und fängt es erneut in verdünnter Salzsäure auf.

Metallisches Ruthenium erhält man nach Reduktion des Ruthenium-VIII-oxids und Ausfällung in Form des Ammoniumhexachlororuthenat-III $[(NH_4)_3RuCl_6]$ oder Ruthenium-IV-oxids (RuO_2), die man jeweils mit Wasserstoffgas bei Temperaturen um 800 °C zum Metall reduzieren kann:

$$RuO_2 + 2\,H_2 \rightarrow Ru + 2\,H_2O$$

Weitere Quellen für Ruthenium sind sowohl der bei der Herstellung von Nickel anfallende Anodenschlamm oder auch abgebrannte Brennelemente aus Kernkraftwerken, die bis zu 2 kg/t durch Kernspaltung erzeugtes Ruthenium – nebst zusätzlich anderen Platinmetallen – enthalten können (Kolarik und Renard 2005). Dieses schließt man dann wieder oxidativ zu Ruthenium-VIII-oxid auf, das man in Salpetersäure auffängt. Allerdings enthält dieses so erzeugte Ruthenium auch das mit einer Halbwertszeit von knapp 400 Tagen relativ langlebige, radioaktive Isotop $^{106}_{44}Ru$, weshalb man Ruthenium aus Kernkraftwerken nicht für andere Anwendungen einsetzen (Bush 1991; Volkmer 1996).

Die gesamte weltweit produzierte Jahresmenge an Ruthenium dürfte heute bei rund 25 t liegen (Loferski 2016).

Eigenschaften

Physikalische Eigenschaften: Das silberweiße, harte und spröde Ruthenium hat eine Dichte von 12,37 g/cm^3. Es besitzt innerhalb der Gruppe der Platinmetalle mit 2334 bzw. 4319 °C den höchsten Schmelz- bzw. Siedepunkt nach denen des Osmiums und Iridiums (Arblaster 2007). Erst bei extrem tiefer Temperatur (−272,66 °C) wird es supraleitend. Es kristallisiert hexagonal-dichtest und behält diese Modifikation wahrscheinlich bis hinauf zum Schmelzpunkt.

Man kennt insgesamt 39 Isotope und Kernisomere des Elements, angeordnet zwischen $^{87}_{44}Ru$ und $^{120}_{44}Ru$. Sieben von diesen sind stabil und kommen in der

Natur vor; einige von ihnen – im Bereich von $^{99}_{44}Ru$ bis $^{104}_{44}Ru$ – sind in der vorausgehenden Übersichtstabelle aufgeführt. Die instabilen Isotope sind allesamt sehr kurzlebig; die längsten Halbwertszeiten ergeben sich dabei mit einigen Tagen für $^{97}_{44}Ru$, $^{103}_{44}Ru$ und $^{106}_{44}Ru$, die anderen zerfallen zur Hälfte ihrer Zahl innerhalb einer Zeitspanne weniger Stunden bis hinunter zu Millisekunden (Audi et al. 2003).

Chemische Eigenschaften: Ruthenium ist seinem höheren Homologen Osmium wesentlich ähnlicher als dem leichteren Gruppenmitglied, dem Eisen. Im Gegensatz zu Eisen ist es, wie die anderen Platinmetalle, ein reaktionsträges Edelmetall. Mit Luftsauerstoff reagiert es erst oberhalb einer Temperatur von 700 °C und bildet dann Ruthenium-VIII-oxid. Hierbei verhält es sich deutlich inerter als Osmium, das mit Sauerstoff, namentlich in fein verteiltem Zustand, bereits in Spuren Osmium-VIII-oxid (OsO_4) bildet. Auch mit Halogenen reagiert Ruthenium erst in der Hitze.

Das Metall ist auch nicht in Fluss-, Schwefel- und Salpetersäure löslich, ebenso nicht in Königswasser (!). Dagegen greifen es Chlor- und Bromwasser langsam, Quecksilber-II-chlorid, Cyanidlösungen und oxidierende Alkalischmelzen schnell an (Rard 1985).

Verbindungen

Verbindungen mit Halogenen: *Ruthenium-VI-fluorid (RuF_6)* stellt man in niedriger Ausbeute durch Reaktion von auf 450 °C erhitztem Ruthenium im Fluorstrom her, der mit Argon verdünnt ist (Seppelt et al. 2006):

$$Ru + 3\,F_2 \rightarrow RuF_6$$

Die Verbindung bildet dunkelbraune, orthorhombisch strukturierte Kristalle, die bei einer Temperatur von 54 °C schmelzen und eine -berechnete- Dichte von 3,68 g/cm^3 besitzen. Im Kristallgitter liegen RuF_6-Einheiten vor, in denen sechs Fluoratome oktaedrisch das Rutheniumatom umgeben.

Das smaragdgrüne *Ruthenium-V-fluorid (RuF_5)* ist in besserer Ausbeute als RuF_6 und bei niedrigerer Temperatur (300 °C) als sowohl dieses als auch das *Osmium-VI-fluorid (OsF_6)* aus den Elementen zugänglich (Ruff und Vidic 1925):

$$2\,Ru + 5\,F_2 \rightarrow 2\,RuF_5$$

Die Verbindung schmilzt bzw. siedet bei Temperaturen von 87 bzw. 227 °C, hat eine Dichte von 3,9 g/cm^3 und kristallisiert monoklin. Im Kristallgitter liegen Tetramere vor, in denen die Rutheniumatome jeweils über Fluorbrücken miteinander verbunden sind (Holloway et al. 1964). Ruthenium-V-fluorid reagiert mit

Wasser zunächst zu Rhenium-III/IV- hydroxid und Fluor, das das Ruthenium direkt zum Tetroxid (RuO_4) oxidiert (Sakurai und Takahashi 1979).

Das schwarze *α-Ruthenium-III-chlorid ($RuCl_3$)* erhält man durch Umsetzung von Ruthenium im mit Kohlendioxid verdünnten Chlorstrom (Remy und Kühn 1924). Die Verbindung schmilzt bei Temperaturen um 500 °C und hat die Dichte 3,11 g/cm^3. Die diamagnetische α-Modifikation besitzt eine Struktur ähnlich zu Chrom-III-chlorid mit langen Ru–Ru-Bindungen. Dagegen kristallisiert die dunkelbraune und metastabile β Modifkation hexagonal und wandelt sich oberhalb von 450–600 °C irreversibel zur α-Form um. Die wässrige Lösung des Hydrats hat eine rote Farbe (Brauer 1981, S. 1748). Ruthenium-III-chlorid nutzt man zur Herstellung anderer Rutheniumverbindungen und als Katalysator zur Ringöffnung stark gespannter Cycloalkene (Nubel und Hunt 1999).

Das schwarze, bei Raumtemperatur orthorhombisch kristallisierende (Hillebrecht et al. 2004) und bei einer Temperatur von 500 °C schmelzende *Ruthenium-III-bromid ($RuBr_3$)* ist aus den Elementen bei Temperaturen von 450 °C und erhöhtem Druck herstellbar (Brodersen et al. 1967). Alternativ ist die Umsetzung von Ruthenium-VIII-oxid mit Bromwasserstoff möglich (Holleman et al. 2007, S. 1671).

Ruthenium-III-iodid (RuI_3) gewinnt man aus hydratisiertem Ruthenium-III-chlorid mit Kaliumiodid (Brauer 1981, S. 1750):

$$RuCl_3 \cdot 4\,H_2O + 3\,KI \rightarrow RuI_3 + 3\,KCl + 4\,H_2O$$

Man kann es alternativ zwar auch durch Reaktion von Ruthenium-VIII-oxid mit Iodwasserstoffsäure darstellen, aber dieser Redoxprozess setzt größere Mengen Iod frei und ist daher nicht sehr ökonomisch (Housecroft 2005, S. 675):

$$2\,RuO_4 + 16\,HI \rightarrow 2\,RuI_3 + 8\,H_2O + 5\,I_2$$

Die schwarze, orthorhombisch kristallisierende Verbindung erleidet beim Erhitzen auf Temperaturen um 300 °C Zersetzung und ist kaum löslich in Wasser und organischen Lösungsmitteln.

Verbindungen mit Chalkogenen: Das schwarze, bei 1200 °C schmelzende *Ruthenium-IV-oxid (RuO_2)* gewinnt man durch Hydrolyse von Rutheniumhalogeniden (Schäfer et al. 1963). Es hat die Dichte 7,0 g/cm^3, kristallisiert in einer Struktur ähnlich zu Rutil (Wells 1975) und ist nahezu unlöslich in Wasser. Man setzt es zur Beschichtung von Titananoden ein, wie man sie auch bei der Chloralkali-Elektrolyse verwendet, in elektronischen Bauteilen (de Nora 1970), in Katalysatoren (Lu et al. 2005) und in für Tieftemperaturmessungen geeigneten Widerstandsthermometern

(Johnson Matthey 2002), da es unter diesen Bedingungen eine außerordentlich hohe Kondensatorkapazität aufweist.

Ruthenium-VIII-oxid (RuO_4) ist relativ leicht durch Oxidation wässriger Lösungen von Ruthenium-III-chlorid oder Ruthenaten, beispielsweise mit Natriumhypochlorit, zugänglich. Es ist sehr flüchtig und dabei nur wenig löslich in Wasser, weshalb man es durch Erhitzen der Lösung austreiben und in dipolar-aprotischen Lösemitteln auffangen kann (Griffith 1989). In dieser Verbindung tritt Ruthenium mit der bisher höchsten bekannten Oxidationsstufe +8 auf, was sonst nur noch bei *Osmium-VIII-oxid (OsO_4)* und *Xenon-VIII-oxid (XeO_4)* beobachtet wird.

Im rhombisch kristallisierenden Kristallgitter liegen RuO_4-Einheiten vor, in denen das Rutheniumatom jeweils tetraedrisch von vier Sauerstoffatomen umgeben ist. Die Verbindung ist mit einem Schmelz- bzw. Siedepunkt von 25 bzw. 40 °C äußerst flüchtig und hat bei 20 °C eine Dichte von 3,3 g/cm^3 (Holleman et al. 2007, S. 1672). Ruthenium-VIII-oxid wirkt stark oxidierend; man setzt es deshalb, meist in situ, bei oxidativen organischen Synthesen ein (Spaltung von Alkenen in Carbonylverbindungen, Oxidation von Alkoholen zu Aldehyden und Ketonen, Oxidation von Alkinen zu 1,2-Diketonen). Die Verbindung reagiert mit Ethanol und Schwefel heftig und wirkt durch die leicht erfolgende Reduktion zu elementarem Ruthenium auch toxisch auf Säugetiere, da sie infolge ihrer hohen Flüchtigkeit leicht durch Inhalation in den Organismus gelangt.

Ruthenium-IV-selenid ($RuSe_2$) testet man gegenwärtig auf seine Verwendungsmöglichkeit als Katalysator in Direktmethanol-Brennstoffzellen (Racz 2011). *Rutheniumnitrid (RuN)* prüft man in Barriereschichten von Spiegeln für mikrolithische Projektionsbelichtungsanlagen (Medvedev et al. 2016).

Tetrapropylammoniumperruthenat $[(C_3H_7)_4N^+RuO_4^-]$ ist ein Oxidationsmittel, das in organischen Synthesen zugleich katalytisch wirksam ist (Ley et al. 1994).

Ruthenium bildet viele Komplexverbindungen, in denen das Element alle Oxidationsstufen zwischen −2 und +8 einnehmen kann. Einige von ihnen dienen als Katalysatoren in diversen organischen Synthesen, wie etwa in der Grubbs-Reaktion (Metathese von Olefinen) oder der Noyori-Synthese, bei der β-Keto-Ester in isomerenreine Alkohole umgewandelt werden (Elschenbroich 2008, S. 632 ff.). Auch einige Polymerisationsreaktionen könnten ohne rutheniumhaltige Katalysatoren kaum stattfinden; ein Beispiel hierfür ist die sehr wichtige Polymerisation von Methacrylsäuremethylester unter Verwendung von Tris(triphenylphosphino)Ruthenium-II-chlorid $[RuCl_2(PPh_3)_3]$ (N. N. 1999).

Anwendungen

Der weltweite Bedarf an Ruthenium ist gering, wobei der größte Anteil hieran wegen der Härte und geringen Abriebsneigung des Metalls in die Elektronikindustrie geht. Am wichtigsten ist seit einigen Jahren ein Perpendicular Recording genanntes Speicherverfahren für Daten auf Festplatten. Dabei ist eine dünne Schicht Ruthenium zwischen der aus Kobalt, Chrom und Platin bestehenden Speicherschicht und der magnetischen Schicht angeordnet (Shi et al. 2005; Hydes 1980).

Wie schon oben erwähnt, zeigt Ruthenium bei zahlreichen Reaktionen einen ausgeprägten Katalyseeffekt und wird deshalb breit verwendet. So laufen Hydrierungen von Carbonylverbindungen oder Aromaten in Gegenwart bestimmter Rutheniumverbindungen sehr glatt. Die Eignung für die aus Kohlenmonoxid bzw. -dioxid und Wasserstoff betriebene Erzeugung von Methan besteht prinzipiell, jedoch sind nickelhaltige Katalysatoren hier wirtschaftlicher (Traa und Weitkamp 1998).

Ähnlich wie seine Homologen Eisen und Osmium katalysiert auch Ruthenium die Ammoniaksynthese nach Haber-Bosch, bei der Stickstoff und Wasserstoff miteinander umgesetzt werden. Hinderlich für eine weite Verbreitung ist nur der relativ hohe Preis des Rutheniums; aktuell am wirksamsten und am wenigsten störungsanfällig sind kohlenstoffarme oder -freie Rutheniumverbindungen (Bielawa et al. 2001).

Platin oder Palladium zulegiert, erhöht es die Härte dieser Metalle. Auch in Legierungen für Füllfederhalter oder Zahnfüllungen ist es enthalten (Eichner und Kappert 2005). Es wirkt korrosionsschützend auf Titan sowie dessen Legierungen (Schutz 1996), und erhöht auch die Härte von Nickel in mechanisch und thermisch hoch beanspruchten Legierungen (Koizuma et al. 2003). Mit *Ruthenium-IV-oxid* beschichtet man die bei der Chloralkalielektrolyse eingesetzten Titananoden.

Physiologische Wirkung und Toxizität

Ruthenium hat wie die anderen Platinmetalle keine biologische Funktion, kommt also im menschlichen und tierischen Körper nicht vor. Hingegen zeigen einige Komplexe des Rutheniums Wirkung gegenüber Krebszellen, deren Wachstum sie stoppen. Grund hierfür ist, dass Komplexe des Rutheniums (meist in der Oxidationsstufe +2) relativ inert sind und ohne den Wirkstoff zerstörende Ligandenaustauschreaktion den Ort im Körper erreicht, an dem sie wirken sollen. Außerdem kann das Rutheniumatom in manchen Fällen das an Eiweißmoleküle gebundene Eisenatom ersetzen. Gegenwärtig sind jedoch alle die Arbeiten noch Gegenstand der Forschung; ebenso Untersuchungen auf eine mögliche Eignung von Rutheniumverbindungen zur Bekämpfung der Malaria (Allardyce und Dyson 2001; Antonarakis und Emadi 2010).

5.3 Osmium

Symbol:	Os	Osmium (Druse), Periodictable.ru 2016
Ordnungszahl:	76	
CAS-Nr.:	7440-04-2	
Aussehen:	Blaugrau glänzend	
Entdecker, Jahr	Tennant (England), 1804	
Wichtige Isotope [natürliches Vorkommen (%)]	Halbwertszeit (a)	Zerfallsart, -produkt
$^{188}_{76}Os$ (13,3)	Stabil	----
$^{189}_{76}Os$ (16,1)	Stabil	----
$^{190}_{76}Os$ (26,4)	Stabil	----
$^{192}_{76}Os$ (40,8)	Stabil	----
Massenanteil in der Erdhülle (ppm):		0,01
Atommasse (u):		190,23
Elektronegativität (Pauling ♦ Allred&Rochow ♦ Mulliken)		2,2 ♦ K. A. ♦ K. A.
Normalpotential: $OsO_4 + 8\,H^+ + 8\,e^- \rightarrow Os + 4\,H_2O$ (V)		0,85
Atomradius (berechnet) (pm):		130 (185)
Van der Waals-Radius (pm):		Keine Angabe
Kovalenter Radius (pm):		128
Ionenradius (Os^{4+}/ Os^{3+}, pm)		67 / 81
Elektronenkonfiguration:		[Xe] $4f^{14}\,5d^6\,6s^2$
Ionisierungsenergie (kJ / mol), erste ♦ zweite:		840 ♦ 1600
Magnetische Volumensuszeptibilität:		$1,5 \cdot 10^{-5}$
Magnetismus:		Paramagnetisch
Kristallsystem:		Hexagonal
Elektrische Leitfähigkeit([A / (V · m)], bei 300 K):		$1,09 \cdot 10^7$
Elastizitäts- ♦ Kompressions- ♦ Schermodul (GPa):		551 ♦ 462 ♦ 222
Vickers-Härte ♦ Brinell-Härte (MPa):		Keine Angabe ♦ 3740
Mohs-Härte		7,0
Schallgeschwindigkeit (longitudinal, m/s, bei 293,15 K):		4940
Dichte (g / cm³, bei 293,15 K)		22,59
Molares Volumen (m³ / mol, im festen Zustand):		$8,42 \cdot 10^{-6}$
Wärmeleitfähigkeit [W / (m · K)]:		88
Spezifische Wärme [J / (mol · K)]:		24,7
Schmelzpunkt (°C ♦ K):		3033 ♦ 3306
Schmelzwärme (kJ / mol)		31,8
Siedepunkt (°C ♦ K):		5012 ♦ 5285
Verdampfungswärme (kJ / mol):		678

Geschichte
Osmium wurde bereits vor gut 200 Jahren und noch vor dem Ruthenium entdeckt und aus dem Rückstand isoliert, der nach dem Auflösen von Platin in Königswasser in diesem zurückbleibt. Namensgebend war der faulig-stechende Geruch des Osmium-VIII-oxids (OsO_4), das hierbei in Spuren gebildet wurde.

Zuerst verwendete man es Anfang des 20. Jahrhunderts neben Wolfram als Material in Glühfäden („Osram"). Osmium hat aber neben seinem hohen Preis den Nachteil, dass es spröde ist und somit nicht zu Fäden gezogen werden kann. Man versuchte diesen Nachteil durch Aufspritzen einer organischen, osmiumhaltigen Paste auf die aus Wolfram bestehende Glühwendel und anschließendes Abbrennen der organischen Bestandteile zu umgehen. Hieraus resultierten aber wieder Nachteile in der Praxis, sodass die Anwendung von Osmium in Glühlampen wenig später endgültig aufgegeben wurde, zuerst zugunsten von Tantal, später von Wolfram.

Vorkommen
Das sehr seltene Osmium ist beinahe immer mit anderen Platinmetallen vergesellschaftet. Daneben findet man es meist elementar (gediegen) oder legiert mit Iridium („Osmiridium" oder „Iridosmium"), aber auch in chemisch gebundener Form als Sulfid, Selenid oder Tellurid. Meist dienen die primären Lagerstätten zur Produktion des Elements, dies sind Kupfer-, Nickel-, Chrom- oder Eisenerze, in denen geringe Mengen an Platinmetallen in chemisch gebundener Form vorkommen. Bedeutende Vorkommen sind diejenigen in Südafrika (Witwatersrand), Kanada (Ontario) und Russland (Ural).

Darüber hinaus enthalten die sekundären Lagerstätten sehr geringe Mengen Osmium und andere Platinmetalle in gediegener Form; diese findet man beispielsweise in Indonesien, Kolumbien, Russland und Äthiopien.

Gewinnung
Ausgangsmaterial für die aufwändige Gewinnung des Osmiums sind edelmetallhaltige Erze oder Anodenschlämme, die bei der Produktion von Nickel oder Gold anfallen. Zunächst löst man das Erz in Königswasser, wobei Gold, Palladium und Platin aufgelöst werden. Die anderen Platinmetalle und sogar Silber bleiben zurück. Letzteres wird faktisch aber zu wasserunlöslichem Silber-I-chlorid umgesetzt, das man danach im sauren Milieu (Salpetersäure) durch Zugabe von Blei-II-carbonat in leicht lösliches und ausschleusbares Silbernitrat umwandeln kann.

Rhodium setzt man durch Schmelzen mit Natriumhydrogensulfat zu Rhodiumsulfat um, das ausgewaschen wird. Aufschmelzen des verbleibenden

Rückstandes mit Natriumperoxid löst Osmium und Ruthenium, Iridium als „edelstes" Platinmetall bleibt erneut ungelöst zurück. Einleiten von Chlorgas in die osmium- und rutheniumhaltige Lösung ergibt die flüchtigen Verbindungen Osmium-VIII- und Ruthenium-VIII-oxid, von denen sich nur ersteres in alkoholischer Natronlauge löst. Diese Lösung trennt man ab, fällt Osmium durch Zugabe von Ammoniumchlorid als Komplex (Tetrammin-Osmium-VI-dioxiddichlorid), den man schließlich mit Wasserstoffgas zu metallischem Osmium reduziert. Die weltweit jährlich produzierte Menge des Metalls ist mit rund 100 kg extrem gering.

Eigenschaften

Physikalische Eigenschaften: Metallisches Osmium hat von allen bisher bekannten und nicht radioaktiven Elementen mit 22,59 g/cm^3, knapp vor Iridium mit 22,56 g/cm^3, die höchste Dichte und ist ein stahlblau glänzendes Schwermetall mit hexagonal-dichtester Kristallstruktur (Arblaster 1989; Schubert 1974). Weitere Superlative sind der höchste Schmelz- bzw. Siedepunkt aller Platinmetalle (Arblaster 2005) sowie das mit 462 GPa höchste Kompressionsmodul aller bekannten Elemente und Verbindungen (Minkel 2002). Supraleitend wird es erst unterhalb einer Temperatur von −272,39 °C.

Die sieben natürlich vorkommenden Isotope des Osmiums haben Massenzahlen zwischen 184 und 192, wobei $^{192}_{76}$Os mit einem Anteil von 40,8 % das am häufigsten auftretende Isotop ist. Das einzige radioaktive der natürlichen Isotope ist $^{186}_{76}$Os, allerdings weist es eine mit $> 2 \cdot 10^{15}$ a äußerst lange Halbwertszeit auf. Die nur auf künstlichem Weg zugänglichen Isotope $^{185}_{76}$Os bzw. $^{191}_{76}$Os dienen als Tracer, da ihre Halbwertszeiten mit 96,6 bzw. 15 Tagen sehr kurz sind. Rhenium-Osmium-Chronometer nutzen das Mengenverhältnis des durch β-Zerfall von $^{187}_{75}$Re gebildeten $^{187}_{76}$Os zu $^{188}_{76}$Os zur Altersbestimmung von Eisenmeteoriten (Brick et al. 1991).

Chemische Eigenschaften: Osmium ist als Edelmetall sehr reaktionsträge und reagiert direkt nur mit Fluor, Chlor und Sauerstoff. Kompaktes Osmium verbrennt in Sauerstoff erst bei Rot- bzw. Gelbglut, aber fein verteiltes Osmium bildet schon beim Stehenlassen an der Luft und bei Raumtemperatur in Spuren hochgiftiges *Osmium-VIII-oxid* (OsO_4). In nicht oxidierenden Mineralsäuren sowie kaltem Königswasser ist Osmium unlöslich, dagegen wird es durch heiße konzentrierte Salpeter- und Schwefelsäure sowie geschmolzenes Natriumperoxid oder Kaliumchlorat angegriffen.

Verbindungen

Verbindungen mit Halogenen: *Osmium-VI-fluorid (OsF_6)* ist ein gelber, orthorhombisch kristallisierender Feststoff der Dichte 5,1 g/cm^3 (Drews et al. 2006). Im Kristallgitter liegen oktaedrische OsF_6-Einheiten vor. Die äußerst hydrolyseempfindliche Verbindung schmilzt bzw. siedet bei Temperaturen von 33,4 bzw. 47,5 °C und wird durch Umsetzung des Metalls mit überschüssigem Fluorgas bei Temperaturen um 300 °C dargestellt:

$$Os + 3\,F_2 \rightarrow OsF_6$$

Osmium-VI-fluorid kann man mit in Iod-V-fluorid gelöstem Iod in der Wärme zu *Osmium-V-fluorid (OsF_5)* reduzieren (Brauer 1975, S. 283; Singh 2007, S. 307):

$$10\,OsF_6 + I_2 \rightarrow 10\,OsF_5 + 2\,IF_5$$

Jenes ist ein blaugrüner, monoklin kristallisierender, ebenfalls gegenüber Hydrolyse sehr anfälliger Feststoff, der bei 70 °C zu einer grünen Flüssigkeit schmilzt. Diese verfärbt sich bis zu ihrem Siedepunkt bei 225 °C ins Blaue. Im Kristallgitter liegen kantenverknüpfte OsF_5-Tetramere vor (Alsfasser et al. 2007).

Osmium-IV-fluorid (OsF_4) ist entweder durch Reduktion von Osmium-VI-fluorid mit Wolframhexacarbonyl (Singh 2007; S. 307), durch Fluorierung von Osmium mit unterschüssigem Fluor (Leddicotte 1961), durch Reduktion von gelöstem Osmium-V-fluorid (Cotton 2012, S. 5) oder durch Umsetzung von Hexafluoroosmat $[OsF_6]^{2-}$ mit in Fluorwasserstoff gelöstem Arsen-V-fluorid zugänglich (Hartley 2013). Der gelbe, bei einer Temperatur von 230 °C schmelzende Feststoff wird durch Wasser schnell hydrolysiert (Haynes 2015; S. 4–79) und besitzt eine Polymerstruktur, die isomorph zu der anderer Tetrafluoride der Platinmetalle ist (Johnson 1977, S. 321).

Osmium-V-chlorid ($OsCl_5$) ist ein schwarzer, in dimeren Einheiten kristallisierender Feststoff vom Schmelzpunkt 160 °C. Die Substanz ist in unpolaren Lösungsmitteln schlecht, in Phosphoroxychlorid aber gut löslich (Burns und O'Donnell 1979). Man gewinnt es durch Umhalogenierung aus Osmium-VI-fluorid und Bortrichlorid (I) oder aus Osmium-VIII-oxid und Schwefeldichlorid und Chlor (II, Denicke und Lößberg 1980):

$$2\,OsF_6 + 4\,BCl_3 \rightarrow 2\,OsCl_5 + 4\,BF_3 + Cl_2 \qquad \text{(I)}$$

$$2\,OsO_4 + 8\,SCl_2 + 5\,Cl_2 \rightarrow 2\,OsCl_5 + 8\,SOCl_2 \qquad \text{(II)}$$

Das rotbraune *Osmium-IV-chlorid ($OsCl_4$)* enthält kantenverknüpfte $OsCl_6$-Okateder (Janiak et al. 2012), die im Kristallgitter linear und in kubischen Elementarzellen angeordnet sind (Cotton und Rice 1977). Die Verbindung der Dichte 4,5 g/cm³ sublimiert bei Temperaturen um 450 °C (MacIntyre 1992). Sie ist in polaren protischen Lösungsmitteln wie Wasser, Mineralsäuren und Ethanol gut löslich, zersetzt sich dann aber sogar in Salzsäure schnell. Die in der Nähe des Sublimationspunktes existierende schwarze, orthorhombisch aufgebaute Hochtemperaturmodifikation (Machmer 1967) verdampft unter Bildung gelber Dämpfe (Bauer und Ruthart 2013).

Man kann Osmium-IV-chlorid auf verschiedenen Wegen erzeugen. Entweder erhitzt man Osmium-III-chlorid im Vakuum auf Temperaturen um 500 °C, worauf Disproportionierung eintritt (Singh 2007, S. 307):

$$2\,OsCl_3 \rightarrow OsCl_4 + OsCl_2$$

Alternativ erhitzt man Osmium-VIII-oxid mit Thionylchlorid (I) oder Kohlenstofftetrachlorid (II, MacIntyre 1992):

$$OsO_4 + 4\,SOCl_2 \rightarrow OsCl_4 + 2\,Cl_2 + 4\,SO_2 \qquad \text{(I)}$$

$$OsO_4 + 4\,CCl_4 \rightarrow OsCl_4 + 4\,COCl_2 + 2\,Cl_2 \qquad \text{(II)}$$

Auch „einfaches“ Chlorieren von Osmium bei etwa 700 °C führt zum gewünschten Produkt (Ruff und Bornemann 1910):

$$Os + 2\,Cl_2 \rightarrow OsCl_4$$

Bei letzterer Reaktion entsteht auch das braunschwarze, hygroskopische *Osmium-III-chlorid ($OsCl_3$)*, das man in umso besserer Ausbeute, jedoch stets im Gemisch mit $OsCl_4$, erhält, je schneller der Dampf abgekühlt wird. Die Verbindung schmilzt bei einer Temperatur von 450 °C, ist leicht löslich in Wasser (Bauer und Ruthart 2013) und dient zur Synthese anderer Osmiumverbindungen (Eagleson 1994, S. 760; Perry 2011, S. 303).

Osmium-II-chlorid ($OsCl_2$) entsteht bei der Disproportionierung von Osmium-III-chlorid bei Temperaturen um 500 °C und im Vakuum. Es ist ein dunkelbrauner, Wasser anziehender Feststoff, der aber kaum löslich in Wasser und auch sonst chemisch ziemlich inert ist (Leddicotte 1961, S. 5). Die Substanz dient als Katalysator für die Herstellung von Trialkylaminen (MacIntyre 1992, S. 221).

Osmium-IV-bromid ($OsBr_4$) gewinnt man durch Reaktion von Osmium mit Brom unter Druck bei hoher Temperatur. Alternativ stehen die Darstellung aus Osmium-IV-chlorid und Brom, ebenfalls im Autoklaven, oder das Kochen von in Ethanol gelöstem Bromwasserstoff und Osmium-VIII-oxid als Alternativen zur Verfügung Cotton 1997, S. 5). Der schwarze Feststoff zersetzt sich an seinem Schmelzpunkt von 350 °C zu Oxidbromiden des Osmiums (Greenwood und Earnshaw 2012, S. 1083).

Das bei einer Temperatur von 340 °C unzersetzt schmelzende, dunkelgraue und nahezu wasserunlösliche *Osmium-III-bromid ($OsBr_3$)* erhält man durch thermischen Abbau von Osmium-IV-bromid bei Temperaturen oberhalb von 300 °C unter Luftausschluss (Hartley 2013, S. 475). Allerdings ist auch aktuell noch nicht abschließend geklärt, ob es sich entweder um $OsBr_3$ oder aber um ein Oxidbromid handelt (Schäfer 1986).

Verbindungen mit Chalkogenen: Das sehr giftige *Osmium-VIII-oxid (OsO_4)* stellt man durch direkte Oxidation metallischen Osmiums oder durch Oxidation osmiumhaltiger Lösungen mit Salpetersäure oder Natriumperoxodisulfat/Schwefelsäure her. Die blassgelben Kristalle monokliner Struktur (Dichte: 4,9 g/cm^3) schmelzen bereits bei einer Temperatur von 40 °C; die Flüssigkeit siedet bei 130 °C (Brauer 1981, S. 1634). Neben Perxenaten und Ruthenium-VIII-oxid ist Osmium-VIII-oxid die einzige Verbindung, in der ein Element in der Oxidationsstufe +8 auftritt (Abb. 5.7).

Wegen seiner Flüchtigkeit wird es vom Menschen leicht eingeatmet, der so ein Schwermetall im Körper aufnimmt. Die größte Gefahr geht aber von seiner leicht erfolgenden Reduktion zu schwarzem Osmium-IV-oxid aus, die, wenn der/die Betreffende keinen geeigneten Augenschutz trägt, bereits auf der Netzhaut der Augen stattfindet und einen dauerhaften, teils hohen Verlust des Sehvermögens bewirkt.

Osmium-VIII-oxid ist nur wenig löslich in Wasser, aber gut in Kohlenstofftetrachlorid. Es wirkt stark oxidierend und reagiert teils heftig mit reduzierenden und brennbaren Stoffen, durch die es meist zu schwarzem Osmium-IV-oxid reduziert wird.

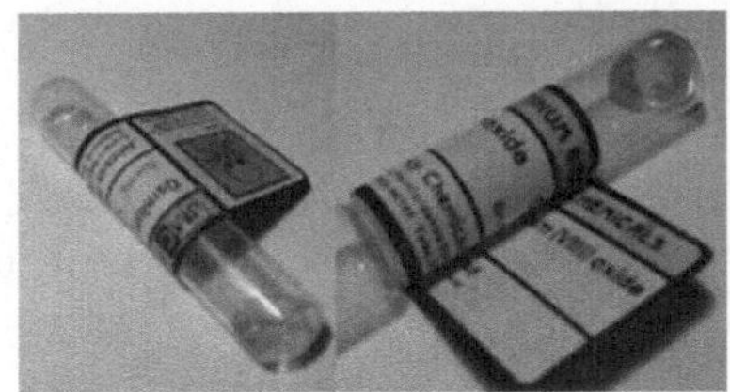

Abb. 5.7 Osmium-VIII-oxid, eingeschmolzen in einer Ampulle. (Hiller 2009)

Als Katalysator zusammen mit den als Oxidationsmittel dienenden Wasserstoffperoxid oder N-Methylmorpholin-N-oxid eingesetzt, bewirkt es die stereoselektive Oxidation von Alkenen zu cis-Diolen (Van Rheenen et al. 1978).

Das bei einer Temperatur von 650 °C unter Zersetzung schmelzende Osmium-IV-oxid (OsO_2) ist beispielsweise durch Reduktion von Osmium-VIII-oxid mit stickstoffverdünntem Wasserstoff oder durch Schmelzen von Kaliumhexachloroosmat (K_2OsCl_6) mit Natriumcarbonat zugänglich (Brauer 1981, S. 1745). Der schwarze, in Wasser kaum lösliche und im Rutilgitter kristallisierende Feststoff oxidiert schon an der Luft langsam zu Osmium-VIII-oxid und ist in fein verteiltem Zustand sogar pyrophor.

Anwendungen

Der aktuelle Preis für Osmium ist sehr hoch und erfuhr während der vergangenen zwei Jahre eine ständige Steigerung. Aktuell (13. Juli 2016) kostet ein 1 g-Barren (!) kristallinen Osmiums auf dem Weltmarkt ca. 803 € (Commodity Trade GmbH). Für das in nur sehr geringen Mengen produzierte Element existieren wenige technische Anwendungen. Neuerdings stellt man aus hochreinem Osmium Schmuck her und einzelne, mehr als 100.000 € kostende Designeruhren enthalten Zifferblätter aus Osmium. Darüber findet es sich in sehr geringer Menge in Schreibkugeln – sehr teurer – Kugelschreiber, in elektrischen Kontakten und vereinzelten medizinischen Implantaten wie etwa künstlichen Herzklappen.

Analytik

Über die – sehr gefährliche und nicht eindeutige – Identifikation des Osmiums über den Geruch seines Tetroxids (OsO_4) verläuft der nasschemische Nachweis dergestalt, dass man die osmiumhaltige Substanz auf ein mit einer wässrigen Lösung von Benzidin- oder Kaliumhexacyanoferrat getränktes Filterpapier aufbringt. Das in Spuren in der Probe enthaltene Osmium-VIII-oxid führt zur Verfärbung des Benzidins nach violett und des Kaliumhexacyanoferrat nach hellgrün.

An modernen Analysenverfahren stehen die Plasma-Atomabsorbtionsspektroskopie, Voltammetrie, Polarografie oder Massenspektrometrie zur Verfügung, die auch sehr gut zur quantitativen Analyse herangezogen werden können.

Physiologie und Toxizität

Neben massiven Augenschädigungen ruft Osmium-VIII-oxid, wenn es eingeatmet wird, eine starke Lungenreizung mit eventueller Bildung eines Ödems hervor.

Selbst Osmiumpulver bildet beim Stehenlassen an der Luft bereits in Spuren dieses Oxid, daher ist Vorsicht beim Arbeiten mit Metallstaub geboten.

5.4 Hassium

Symbol:	Hs	
Ordnungszahl:	108	
CAS-Nr.:	54037-57-9	
Aussehen:	----	
Entdecker, Jahr	Armbruster, Münzenberg et al. (Deutschland), 1984	
Wichtige Isotope [natürliches Vorkommen (%)]	Halbwertszeit	Zerfallsart, -produkt
$^{268}_{108}Hs$ (synthetisch)	2 s	α > $^{264}_{106}Sg$
$^{269}_{108}Hs$ (synthetisch)	10 s	α > $^{265}_{106}Sg$
$^{270}_{108}Hs$ (synthetisch)	20 s	α > $^{266}_{106}Sg$
Massenanteil in der Erdhülle (ppm):		-----
Atommasse (u):		(269)
Elektronegativität (Pauling ♦ Allred&Rochow ♦ Mulliken)		Keine Angabe.
Atomradius (berechnet) (pm):		126 *
Van der Waals-Radius (pm):		Keine Angabe
Kovalenter Radius (pm):		134 *
Elektronenkonfiguration:		[Rn] $5f^{14}$ $6d^6$ $7s^2$
Ionisierungsenergie (kJ / mol), erste zweite ♦ dritte:		733 ♦ 1756 ♦ 2827 *
Magnetische Volumensuszeptibilität:		Keine Angabe
Magnetismus:		Keine Angabe
Kristallsystem:		Hexagonal-dichtest *
Elektrische Leitfähigkeit([A / (V • m)], bei 300 K):		Keine Angabe
Dichte (g / cm³, bei 293,15 K)		41 *
Molares Volumen (m³ / mol, im festen Zustand):		$6{,}56 \cdot 10^{-6}$
Wärmeleitfähigkeit [W / (m • K)]:		Keine Angabe
Spezifische Wärme [J / (mol • K)]:		Keine Angabe
Schmelzpunkt (°C ♦ K):		Keine Angabe
Schmelzwärme (kJ / mol)		Keine Angabe
Siedepunkt (°C ♦ K):		Keine Angabe
Verdampfungswärme (kJ / mol):		Keine Angabe

* Geschätzte bzw. berechnete Werte

Geschichte
Erstmals gelang 1984 dem Forscherteam der Darmstädter Gesellschaft für Schwerionenforschung die Erzeugung einzelner Atome des Hassiums durch Beschuss von Blei- mit Eisennukliden (Münzenberg et al. 1984). Die Benennung des neuen Elements erfolgte nach dem deutschen Bundesland Hessen (lat.: Hassia), in dem Darmstadt liegt.

Vorkommen
Hassium kommt nicht in der Natur vor und kann nur auf künstlichem Weg hergestellt werden. Alle Isotope dieses Elementes sind radioaktiv. [Frühere Autoren vermuteten durchaus ein natürliches Vorkommen (Cherdyntsev und Mikhailov 1963); und man stellte noch 2006 die These auf, dass ein Isomer des Isotops $^{271}_{108}Hs$ eine Halbwertszeit von ca. 250 Mio. a haben sollte. Nur so sei die energiereiche α-Strahlung in einigen Proben von Molybdänit und Osmiridium erklärbar, worin dieses Hassiumisotop vorkommen sollte. Der Verfasser räumt aber selbst ein, dass diese These kaum zu beweisen ist (Ivanov 2006)]. Angesichts der durch immer weitere Berechnungen und Ergebnisse erhärteten hohen Wahrscheinlichkeit des Auftretens relativ stabiler superschwerer Kerne gewinnt die wissenschaftliche Diskussion darüber aber wieder an Intensität (Marinov et al. 2003).

Eigenschaften
Physikalische Eigenschaften: Das langlebigste Isotop des Hassiums, $^{277}_{108}Hs$, hat immerhin eine Halbwertszeit von 16,5 min, das kurzlebigste ($^{265}_{108}Hs$) eine von nur 1,5 ms (Düllmann et al. 2002; Dvorak et al. 2006; Schädel und Türler 2009). Mit seiner außerordentlich hohen Dichte (geschätzt: 41 g/cm^3) dürfte es aktuell die schwerste jemals auf der Erde gefundene oder erzeugte Materie sein (Arblaster 1989). Während der letzten 30 Jahre konnte man eine ganze Reihe von Isotopen des Hassiums erzeugen (Ghiorso et al. 1993; Dragojević et al. 2009; Armbruster et al. 1986; Hofmann et al. 2001; Lazarev et al. 1995).

Wie Eisen, Ruthenium und Osmium, die bereits relativ hohe Schmelzpunkte aufweisen, sollte auch Hassium ein hoch schmelzendes Metall sein, das wie Osmium in einer hexagonal-dichtesten Struktur kristallisiert (Östlin und Vitos 2011). Ferner sollte es wie Osmium und Diamant eine extrem hohe Stabilität gegenüber komprimierenden Kräften haben (Cohen 1985).

Wie schon bei den benachbarten, jeweils höchsten Elementen der Nachbargruppen beobachtet, erfährt hier das 7s-Orbital eine gewisse Stabilisierung durch relativistische Effekte, weshalb das Hs^+-Kation bei fortlaufender Ionisierung zum Hs^{2+}-Kation zunächst ein 6 d-Elektron abgeben dürfte.

Die meisten Isotope des Hassiums erleiden α-Zerfall, die anderen oft eine spontane Kernspaltung. Die leichtesten Isotope, die in der Regel kürzere Halbwertszeiten aufweisen, erzeugte man sowohl durch Fusion zweier leichterer Kerne als auch durch radioaktiven Zerfall noch schwererer Elemente (Oganessian et al. 1999; Ninov et al. 1999). Berechnungen zufolge ist 108 eine magische Ordnungszahl, und 162 ist eine magische Neutronenanzahl für deformierte Kerne; dies könnte für $^{270}_{108}Hs$ zutreffen, das somit eine relativ lange Halbwertszeit haben sollte (Dvorak 2006). Tatsache ist bereits, dass beim Zerfall dieses Isotops nur sehr wenig Energie frei wird (Smolańczuk 1997). Untersuchungen an Isotopen des Nachbarelements Darmstadtium belegen zudem die Stabilität von Isotopen mit 162 Neutronen.

Chemische Eigenschaften: Hassium sollte sich im Wesentlichen wie seine niederen Analoga Osmium und Ruthenium verhalten, also ein reaktionsträges Platinmetall sein (Griffith 2008). Mittels Reaktionen in der Gasphase konnten einige zuvor aufgestellte Thesen bewiesen werden (Soverna et al. 2003). Ferner sollte die Oxidationsstufe +8 die stabilste des Elements sein (Schädel 2003; Barnard und Bennett 2004), außerdem sagte man die Existenz aller Oxidationsstufen zwischen +6 und +2 voraus (Hoffman et al. 2006; Düllmann 2008).

Während Ruthenium-VIII-oxid in Lösung noch zu Ruthenat-VI reduziert wird (Martín et al. 2006), verbrennt Osmium zum relativ stabilen, wenn auch noch stark oxidierend wirkenden Osmium-VIII-oxid, das in wässriger Lösung stabil bleibt (Stellman 1998; Housecroft und Sharpe 2004). Hassium-VIII-oxid wird daher ebenfalls eine flüchtige Verbindung sein, die in wässriger Lösung Hassat-VIII bildet (Pershina et al. 2015).

Verbindungen

Erst 1996, 12 Jahre nach der erstmaligen Erzeugung von Atomen des Hassiums, gelang überhaupt die Erzeugung eines potenziell für chemische Untersuchungen geeigneten Isotops ($^{269}_{108}Hs$). Dieses war aber ein Zerfallsprodukt (des Coperniciumisotops $^{277}_{110}Cn$), und man erhielt keine ausreichend große Zahl von Isotopen des Hassiums, um chemische Reaktionen genügenden Beweiswertes durchführen zu können. Später stellten verschiedene Forscherteams Hassiumisotope durch Beschuss von Curiumtargets mit Magnesiumkernen her:

$$^{248}_{96}Cm + ^{24}_{12}Mg \rightarrow ^{274-x}_{108}Hs + x\ ^{1}_{0}n\ (x = 4, 5)$$

2001 erst gelang dann aus derart erzeugtem Hassium die Darstellung einer seiner Sauerstoffverbindungen; vermutlich handelte es sich um das flüchtige Hassium-VIII-oxid ($^{269}_{108}HsO_4$), dem Analogon des Osmium-VIII-oxids. Zum

Nachweis im Thermochromatografen genügten zwei bis drei Moleküle pro Tag (!). Als Referenz verwendete man die Osmiumisotope $^{172}_{76}Os$ und $^{173}_{76}Os$. Hassium-VIII-oxid erwies sich, den Gesetzmäßigkeiten der achten Nebengruppe entsprechend, als weniger flüchtig als Osmium-VIII-oxid (Schädel und Türler 2009). Diese Reaktion war einer der maßgeblichen Beweise, dass das Element Hassium in die achte Nebengruppe einzuordnen ist (Düllmann et al. 2002).

2004 setzte man Hassium-VIII-oxid mit Natriumhydroxid unter Bildung von Hassat-VIII um; diese Reaktion ist für Osmium gut beschrieben. Man hofft durch eine geplante Darstellung von Hassocen [Bis-cyclopentadienyl-Hassium, $Hs(C_5H_5)_2$] ferner, relativistische Effekte des Hassiums besser zu verstehen, da diese bei niedriger Oxidationsstufe (hier: +2) deutlicher hervortreten.

Literatur

C.S. Allardyce, P.J. Dyson, Ruthenium in medicine: Current clinical uses and future prospects. Platin. Met. Rev. **45**(2), 62–69 (2001)

R. Alsfasser et al., *Moderne Anorganische Chemie* (De Gruyter, Berlin, 2007), S. 343. ISBN 3-11-019060-5

E.S. Antonarakis, A. Emadi, Ruthenium-based chemotherapeutics: Are they ready for prime time? Cancer Chemother. Pharmacol. **66**(1), 1–9 (2010)

J.W. Arblaster, Densities of osmium and iridium. Platin. Met. Rev. **33**(1), 14–16 (1989)

J.W. Arblaster, What is the true melting point of osmium? Platin. Met. Rev. **49**(4), 166–168 (2005)

M. Armbruster et al., Über Eisentribromid: Untersuchungen von Gleichgewichten, Kristallstruktur und spektroskopische Charakterisierung. Z. anorg. allg. Chem. **626,** 187–195 (2000)

P. Armbruster et al., „Evidence for 264108, the heaviest known even-even isotope". Z. Phys. A **324**(4), 489–490 (1986)

G. Audi et al., The NUBASE evaluation of nuclear and decay properties. Nucl. Phys. A **729,** 3–128 (2003)

M. Auerbach, H. Ballard, Clinical use of intravenous iron: Administration, efficacy, and safety. Hematology Am. Soc. Hematol. Educ. Program **2010,** 338–347 (2010)

C.F. Barnard, J. Bennett, Oxidation states of ruthenium and osmium. Platin. Met. Rev. **48**(4), 157–158 (2004)

G. Bauer, K. Ruthardt, *Elemente der Achten Nebengruppe: Platinmetalle Platin · Palladium · Rhodium · Iridium · Ruthenium · Osmium* (Springer, Heidelberg, 2013), S. 157. ISBN 978-3-662-28796-5

BDDDX, *Fotos „Eisen-III-oxid"* (2005) *und „wasserfreies Eisen-III-chlorid"* (2006)

H. Bielawa et al., Der Ammoniakkatalysator der nächsten Generation: Barium-promotiertes Ruthenium auf oxidischen Trägern. Angew. Chem. **113**(6), 1093–1096 (2001)

R. Blachnik et al., *Taschenbuch für Chemiker und Physiker. Band III: Elemente, anorganische Verbindungen und Materialien, Minerale,* 4. Aufl. (Springer, Berlin, 1998), S. 454. ISBN 3-540-60035-3

G. Brauer, *Handbuch der präparativen anorganischen Chemie,* Bd. 1, 3. Aufl. (Enke, Stuttgart, 1975). ISBN 3-432-02328-6

© Springer Fachmedien Wiesbaden 2017

H. Sicius, *Eisengruppe: Elemente der achten Nebengruppe,* essentials,
DOI 10.1007/978-3-658-15561-2

G. Brauer, *Handbuch der präparativen anorganischen Chemie,* Bd. 3, 3. Aufl. (Enke, Stuttgart, 1981). ISBN 3-432-87823-0

J.L. Brick et al., The rhenium osmium chronometer, the iron meteorites revisited. Meteorit. **26,** 318 (1991)

K. Brodersen et al., Die Feinstruktur des Ruthenium-III-bromids. Z. Anorg. Allg. Chem. **357**(4–5), 162–171 (1967)

R.C. Burns, T.A. O'Donnell, Preparation and characterization of osmium pentachloride, a new binary chloride of osmium. Inorg. Chem. **18,** 3081–3086 (1979)

R.P. Bush, Recovery of platinum group metals from high level radioactive waste. Platin. Met. Rev. **35**(4), 202–208 (1991)

M. Cohen, Calculation of bulk moduli of diamond and zinc-blende solids. Phys. Rev. B **32**(12), 7988–7991 (1985)

Commodity Trade GmbH, Preis Osmium. (abgerufen 18. Juli 2016)

S. Cotton, *Chemistry of Precious Metals* (Springer Science & Business Media, Heidelberg, 2012), S. 5. ISBN 978-94-009-1463-6

F.A. Cotton, C.E. Rice, Structure of the high-temperature form of osmium(IV) chloride. Inorg. Chem. **16,** 1865 (1977)

K. Dehnicke, R. Lößberg, Eine neue Synthese und das IR-Spektrum von Osmiumpentachlorid/A New Synthesis and the IR Spectrum of Osmiumpentachloride. Z. Naturforsch. B **35,** 1525–1528 (1980)

I. Dragojević et al., New isotope ${}^{263}{}_{108}Hs$. Phys. Rev. C **79,** 011602 (2009)

T. Drews et al., „Solid state molecular structures of transition metal hexafluorides". Inorg. Chem. **45**(9), 3782–3788 (2006)

C.E. Düllmann, Investigation of group 8 metallocenes @ TASCA. *7th Workshop on Recoil Separator for Superheavy Element Chemistry* (Gesellschaft für Schwerionenforschung, Darmstadt, 2008)

C.E. Düllmann et al., Chemical investigation of hassium (element 108). Nature **418,** 859–862 (2002)

J. Dvorak et al., Doubly magic nucleus ${}_{108}{}^{270}Hs_{162}$. Phys. Rev. Lett. **97**(24), 242501–242504 (2006)

M. Eagleson, *Concise Encyclopedia Chemistry* (De Gruyter, Berlin, 1994), S. 760. ISBN 978-3-11-011451-5

K. Eichner, H.F. Kappert, *Zahnärztliche Werkstoffe und ihre Verarbeitung,* 8. Aufl. (Thieme, Stuttgart, 2005), S. 93. ISBN 3-13-127148-5

Eisenbeisser, *Foto „Primärzementit"* (2007)

C. Elschenbroich, *Organometallchemie,* 6. Aufl. (Teubner, Wiesbaden, 2008), S. 632 ff. ISBN 978-3-8351-0167-8

G. Fellenberg, *Chemie der Umweltbelastung,* 3. Aufl. (Teubner, Stuttgart, 1997), S. 158. ISBN 3-519-23510-2

G. Ferey, R. de Paper, A new form of FeF_3 with the pyrochlore structure: Soft chemistry synthesis, crystal structure, thermal transitions and structural correlations with the other forms of FeF_3. Mater. Res. Bull. **21,** 971–978 (1986)

U. Fuchs, *Foto „Hochofen"* (2004)

A. Ghiorso et al., Responses on ‚Discovery of the transfermium elements' by Lawrence Berkeley laboratory, California; Joint Institute for Nuclear Research, Dubna; and Gesellschaft fur Schwerionenforschung, Darmstadt followed by reply to responses by the Transfermium Working Group. Pure Appl. Chem. **65**(8), 1815–1824 (1993)

J. Gobrecht, E. Rumpler, *Werkstofftechnik – Metalle* (Oldenbourg, München, 2006), S. 139 ff. ISBN 3-486-57903-7

N.N. Greenwood, A. Earnshaw, *Chemistry of the Elements* (Elsevier, Amsterdam, 2012), S. 1083. ISBN 978-0-08-050109-3

W.P. Griffith, Ruthenium and osmium oxo complexes as organic oxidants. Platin. Met. Rev. **33**(4), 181–185 (1989)

W.P. Griffith, The periodic table and the platinum group metals. Platin. Met. Rev. **52**(2), 114–119 (2008)

F.R. Hartley, *Chemistry of the Platinum Group Metals Recent Developments* (Elsevier, Amsterdam, 2013), S. 474–475. ISBN 978-0-08-093395-5

W.M. Haynes, *CRC Handbook of Chemistry and Physics,* 96. Aufl. (CRC Press, Boca Raton, 2015), S. 4–79. ISBN 978-1-4822-6097-7

H. Hillebrecht et al., About trihalides with TiI3 chain structure: Proof of pair forming of cations in -RuCl3 and RuBr3 by temperature dependent single crystal x-ray analyses. Z. Anorg. Allg. Chem. **630,** 2199–2204 (2004)

H. Hiller, *Foto „Osmium-VIII-oxid“* (2009)

H. Hödrejärv, Gottfried Wilhelm Osann and ruthenium. Proc. Est. Acad. Sci., Chem. **53**(3), 125–144 (2004)

D.C. Hoffman et al., Transactinides and the Future Elements, in *The Chemistry of the Actinide and Transactinide Elements,* 3. Aufl., Fuger, et al. (Springer Science & Business Media, Dordrecht, 2006). ISBN 1-4020-3555-1

S. Hofmann et al., The new isotope ^{270}110 and its decay products ^{266}Hs and ^{262}Sg. Eur. Phys. J. A **10,** 5–10 (2001)

A.F. Holleman, E. Wiberg, N. Wiberg, *Lehrbuch der Anorganischen Chemie,* 102. Aufl. (De Gruyter, Berlin, 2007). ISBN 978-3-11-017770-1

J.H. Holloway et al., The crystal structure of ruthenium pentafluoride. J. Chem. Soc. **1964,** 644–648 (1964)

C.E. Housecroft, *Inorganic Chemistry* (Pearson Education, London, 2005), S. 675. ISBN 0-13-039913-2

C.E. Housecroft, A.G. Sharpe, *Inorganic Chemistry* (Prentice Hall, Upper Saddle River, 2004). ISBN 978-0130399137

P.C. Hydes, Electrodeposited ruthenium as an electrical contact material. Platin. Met. Rev. **24**(2), 50–55 (1980)

Internetservice Kummer, *Foto „Ruthenium“* (Buchenberg, 2016)

A.V. Ivanov, The possible existence of Hs in nature from a geochemical point of view. Phys. Part. Nucl. Lett. **3**(3), 165–168 (2006)

C. Janiak et al., *Riedel Moderne Anorganische Chemie* (De Gruyter, Berlin, 2012), S. 356. ISBN 978-3-11-024901-9

B.F.G. Johnson, *Inorganic Chemistry of the Transition Elements* (Royal Society of Chemistry, Cambridge, 1977), S. 321. ISBN 0-85186-540-2

G. Kickelbick, *Chemie für Ingenieure* (Pearson GmbH, Hallbergmoos, 2008), S. 256. ISBN 3-8273-7267-4

Y. Kohgo et al., Body iron metabolism and pathophysiology of iron overload. Int. J. Hematol. **88**(1), 7–15 (2008)

Y. Koizumi et al., in *Proceedings of the International Gas Turbine Congress 2003,* Development of a Next-Generation Ni-base Single Crystal Superalloy (Tokyo, 2003)

Z. Kolarik, E.V. Renard, Potential applications of fission platinoids in industry. Platin. Met. Rev. **49,** 79–90 (2005)

K.-H. Lautenschläger, *Taschenbuch der Chemie* (Harri Deutsch, Frankfurt a. M., 2007), S. 410. ISBN 978-3-8171-1760-4

Yu. Lazarev et al., New nuclide $^{267}108$ produced by the $^{238}U + ^{34}S$ reaction. Phys. Rev. Lett. **75**(10), 1903–1906 (1995)

M. Leblanc et al., Single crystal refinement of the structure of rhombohedral FeF_3. Revue de Chimie Minérale **22**, 107–114 (1985)

G.W. Leddicotte, *The Radiochemistry of Osmium* (National Academies, Washington, 1961), S. 5

B.V. Lenntech, *Foto „Eisen"* (Delft, 2016)

S.V. Ley et al., Tetrapropylammonium Perruthenate, Pr4N+RuO4−, TPAP: A catalytic oxidant for organic synthesis. Synthesis **7,** 639–666 (1994)

P. Loferski, *Platinum Group Metals, Minerals Information* (United States Geological Survey, Washington, 2016)

Q. Lu et al., Anodic activation of Pt/Ru/C catalysts for methanol oxidation. J. Phys. Chem. B **109**(5), 1715–1722 (2005)

P. Machmer, On the polymorphism of osmium tetrachloride. Chem. Commun. **1967,** 610a (1967)

J.E. Macintyre, *Dictionary of Inorganic Compounds* (CRC Press, Boca Raton, 1992), S. 221–296. ISBN 978-0-412-30120-9

A. Marinov et al., New outlook on the possible existence of superheavy elements in nature. Phys. At. Nucl. **66**(6), 1137–1145 (2003)

V.S. Martín et al., in *Encyclopedia of Reagents for Organic Synthesis*, ed. by L.A. Paquette, D. Crich, P.L. Fuchs, G.A. Molander. Ruthenium(VIII) Oxide (Wiley, New York, 2006)

J. Matthey, Nanocrystalline ruthenium supercapacitor material. Platin. Met. Rev. **46**(3), 105 (2002)

J.M. McDermid, B. Lönnerdal, Iron. Adv. Nutr. **3**(4), 532–533 (2012)

V. Medvedev et al., Spiegel, insbesondere für eine mikrolithische Projektionsbelichtungsanlage (DE 102015204631 A1, Carl Zeiss GmbH, Jena, Deutschland, veröffentlicht 10. März 2016)

Metallium Inc., *Foto „Eisen"* (Watertown, 2016)

J.R. Minkel, Osmium is stiffer than diamond. Phys. Rev. Focus **9,** 16 (2002)

G. Münzenberg et al., The identification of element 108. Z. Phys. A: Hadrons Nucl. **317**(2), 235–236 (1984)

V. Ninov et al., Observation of superheavy nuclei produced in the reaction of 86Kr with 208Pb. Phys. Rev. Lett. **83**(6), 1104–1107 (1999)

O. de Nora, Anwendung maßbeständiger aktivierter Titan-Anoden bei der Chloralkali-Elektrolyse. Chem. Eng. Techn. **42**(4), 222–226 (1970)

N.N., Ruthenium in living radical polymerisation. Platin. Met. Rev. **43**(3), 102 (1999)

P.O. Nubel, C.L. Hunt, A convenient catalyst system employing RuCl3 or RuBr 3 for metathesis of acyclic olefins. J. Mol. Catal. A: Chem. **1455,** 323–327 (1999)

YuT Oganessian et al., Synthesis of superheavy nuclei in the $^{48}Ca+ ^{244}Pu$ reaction. Phys. Rev. Lett. **83**(16), 3154–3157 (1999)

G. Osann, Fortsetzung der Untersuchung des Platins vom Ural. Poggendorffs Ann. Phys. Chem. **14,** 329–357 (1828)

G. Osann, Berichtigung, meine Untersuchung des uralschen Platins betreffend. Poggendorffs Ann. Phys. Chem. **15,** 158 (1829)

A. Östlin, L. Vitos, First-principles calculation of the structural stability of 6d transition metals. Phys. Rev. B **84**(11), 113104 (2011)

D.L. Perry, *Handbook of Inorganic Compounds,* 2. Aufl. (Taylor & Francis, London, 2011). ISBN 1-4398-1462-7

V. Pershina et al., Fully relativistic density-functional-theory calculations of the electronic structures of MO_4 (M = Ru, Os, and element 108, Hs) and prediction of physisorption. Phys. Rev. A **78**(3), 032518 (2008)

V.N. Pitchkov, The discovery of ruthenium. Platin. Met. Rev. **40**(4), 181–188 (1996)

A. Racz, *Die kathodische Sauerstoffreduktion: Katalysatoren für Direktmethanol-Brennstoffzellen* (Südwestdeutscher Verlag für Hochschulschriften, Saarbrücken, 2011)

J.A. Rard, Chemistry and thermodynamics of ruthenium and some of its inorganic compounds and aqueous species. Chem. Rev. **85**(1), 1–39 (1985)

H. Remy, M. Kühn, Beiträge zur Chemie der Platinmetalle. V. Thermischer Abbau des Ruthentrichlorids und des Ruthendioxyds. Z. Anorg. Chem **127**(1), 365–388 (1924)

H. Renner et al., in *Ullmann's Encyclopedia of Industrial Chemistry,* ed. by B. Elvers. Platinum Group Metals and Compounds (Wiley-VCH, Weinheim, 2001), S. 317–388

V. Van Rheenen et al., Catalytic osmium tetroxide oxidation of olefins: Cis-1,2-Cyclohexanediol. Org. Synth. **58,** 43 (1978)

O. Ruff, F. Bornemann, Über das Osmium, seine analytische Bestimmung, seine Oxyde und seine Chloride. Z. Anorg. Chem. **65,** 429 (1910)

O. Ruff, E. Vidic, Das Rutheniumpentafluorid und ein Verfahren zur Trennung von Platin und Ruthenium. Z. Anorg. Allg. Chem. **143**(1), 163–182 (1925)

T. Sakurai, A. Takahashi, Behavior of ruthenium in fluoride-volatility processes – V conversions of $RuOF_4$, RuF_4, and RuF_5 into RuO_4. J. Inorg. Nucl. Chem. **41**(5), 681–685 (1979)

M. Schädel, *The Chemistry of Superheavy Elements* (Springer, Heidelberg, 2003), S. 269. ISBN 978-1402012501

M. Schädel, A. Türler, Ein Platz für Schwergewichte. Phys. J. **8**(6), 35–40 (2009)

H. Schäfer et al., Zur Chemie der Platinmetalle. RuO2: Chemischer Transport, Eigenschaften, thermischer Zerfall. Z. Anorg. Allg. Chem. **319**(5–6), 327–336 (1963)

U.E. Schaible, S.H. Kaufmann, Iron and microbial infection. Nat. Rev. Microbiol. **2**(12), 946–953 (2004)

Z. Schnepp et al., Biotemplating of metal carbide microstructures: The magnetic leaf. Angew. Chem. Int. Ed. **49,** 6564–6566 (2010)

K. Schubert, Ein Modell für die Kristallstrukturen der chemischen Elemente. Acta Crystallogr. B **30,** 193–204 (1974)

R.W. Schutz, Ruthenium enhanced titanium alloys. Platin. Met. Rev. **40**(2), 54–61 (1996)

E. Schweda, *Jander/Blasius: Anorganische Chemie I – Einführung & Qualitative Analyse,* 17. Aufl. (Hirzel, Stuttgart, 2012), S. 337. ISBN 978-3-7776-2134-0

K. Seppelt et al., Solid state molecular structures of transition metal hexafluorides. Inorg. Chem. **45**(9), 3782–3788 (2006)

J.Z. Shi et al., Influence of dual-Ru intermediate layers on magnetic properties and recording performance of CoCrPt–SiO2 perpendicular recording media. Appl. Phys. Lett. **87,** 222503–222506 (2005)

Siegert, *Foto „Eisennachweis mit Blutlaugensalz"* (2007)

G. Singh, *Chemistry of Lanthanides and Actinides* (Discovery Publishing House, New Delhi, 2007), S. 307. ISBN 81-8356-241-8

R. Smolańczuk, Properties of the hypothetical spherical superheavy nuclei. Phys. Rev. C **56**(2), 812–824 (1997)

S. Soverna et al., First chemical investigation of hassium (Hs, Z=108). Czech. J. Phys. **53**(1), A291–A298 (2003)

H. Sowa, H. Ahsbahs, Pressure-induced octahedron strain in VF_3-type compounds. Acta Crystallogr. B **54,** 578–584 (1998)

J.M. Stellman, Osmium, Encyclopaedia of Occupational Health and Safety, International Labour Organization (1998), S. 63.34

Tmv23, *Foto „Eisen-III-chloridlösung"* (2010)

Y. Traa, J. Weitkamp, Kinetik der Methanisierung von Kohlendioxid an Ruthenium auf Titandioxid. Chem. Ing. Tech. **70**(11), 1428–1430 (1998)

M. Volkmer, *Basiswissen Kernenergie* (Informationskreis Kernenergie, Bonn, 1996), S. 80. ISBN 3-925986-09-X

K. Wehlte, *Werkstoffe und Techniken der Malerei* (Otto Maier, Ravensburg, 1967), S. 113. ISBN 3-473-48359-1

A.F. Wells, *Structural Inorganic Chemistry,* 4. Aufl. (Clarendon Press, Oxford, 1975)

F. Widdel et al., Ferrous iron oxidation by anoxygenic phototrophic bacteria. Nature **362,** 834–836 (1993)

E. Wildermuth et al., in *Ullmann's Encyclopedia of Industrial Chemistry,* ed. by B. Elvers. Iron Compounds (Wiley VCH, Weinheim, 2000), S. 41–62

C.L. Yaws, *The Yaws Handbook of Physical Properties for Hydrocarbons and Chemicals Physical Properties for More Than 54,000 Organic and Inorganic Chemical Compounds, Coverage for C1 to C100 Organics and Ac to Zr Inorganics* (Gulf Professional Publishing & Elsevier, Houston, 2015), S. 740. ISBN 978-0-12-801146-1

}essentials{

„Eine Reise durch das Periodensystem"

Kompaktes Fachwissen über die chemischen Elemente, ihr Vorkommen, die gängigsten Herstellverfahren, ihre wichtigsten Eigenschaften und interessantesten Einsatzgebiete. Lernen Sie das Periodensystem der Elemente so gut kennen, dass Sie keine Wissenslücken mehr haben und überall mitreden können!

Hermann Sicius (2016)
Wasserstoff und Alkalimetalle: Elemente der ersten Hauptgruppe
Print: ISBN 978-3-658-12267-6 eBook: ISBN 978-3-658-12268-3

Hermann Sicius (2016)
Erdalkalimetalle: Elemente der zweiten Hauptgruppe
Print: ISBN 978-3-658-11877-8 eBook: ISBN 978-3-658-11878-5

Hermann Sicius (2016)
Erdmetalle: Elemente der dritten Hauptgruppe
Print: ISBN 978-3-658-11443-5 eBook: ISBN 978-3-658-11444-2

Hermann Sicius (2016)
Kohlenstoffgruppe: Elemente der vierten Hauptgruppe
Print: ISBN 978-3-658-11165-6 eBook: ISBN 978-3-658-11166-3

Hermann Sicius (2015)
Pnictogene: Elemente der fünften Hauptgruppe
Print: ISBN 978-3-658-10803-8 eBook: ISBN 978-3-658-10804-5

Hermann Sicius (2015)
Chalkogene: Elemente der sechsten Hauptgruppe
Print: ISBN 978-3-658-10521-1 eBook: ISBN 978-3-658-10522-8

Hermann Sicius (2016)
Halogene: Elemente der siebten Hauptgruppe
Print: ISBN 978-3-658-10189-3 eBook: ISBN 978-3-658-10190-9

Hermann Sicius (2015)
Edelgase
Print: ISBN 978-3-658-09814-8 eBook: ISBN 978-3-658-09815-5

Printpreis **9,99 €** | eBook-Preis **4,99 €**

Änderungen vorbehalten. Stand August 2016. Erhältlich im Buchhandel oder beim Verlag.
Abraham-Lincoln-Str. 46 . 65189 Wiesbaden . www.springer.com/essentials

}essentials{

„Eine Reise durch das Periodensystem"

Kompaktes Fachwissen über die chemischen Elemente, ihr Vorkommen, die gängigsten Herstellverfahren, ihre wichtigsten Eigenschaften und interessantesten Einsatzgebiete. Lernen Sie das Periodensystem der Elemente so gut kennen, dass Sie keine Wissenslücken mehr haben und überall mitreden können!

Hermann Sicius (2015)
Seltenerdmetalle: Lanthanoide und dritte Nebengruppe
Print: ISBN 978-3-658-09839-1 eBook: ISBN 978-3-658-09840-7

Hermann Sicius (2015)
Titangruppe: Elemente der vierten Nebengruppe
Print: ISBN 978-3-658-12639-1 eBook: ISBN 978-3-658-12640-7

Hermann Sicius (2016)
Vanadiumgruppe: Elemente der fünften Nebengruppe
Print: ISBN 978-3-658-13370-2 eBook: ISBN 978-3-658-13371-9

Hermann Sicius (2016)
Chromgruppe: Elemente der sechsten Nebengruppe
Print: ISBN 978-3-658-13542-3 eBook: ISBN 978-3-658-13543-0

Hermann Sicius (2016)
Mangangruppe: Elemente der siebten Nebengruppe
Print: ISBN 978-3-658-14791-4 eBook: ISBN 978-3-658-14792-1

Hermann Sicius (2017)
Eisengruppe: Elemente der achten Nebengruppe
Erscheint 2016

Hermann Sicius (2015)
Radioaktive Elemente: Actinoide
Print: ISBN 978-3-658-09828-5 eBook: ISBN 978-3-658-09829-2

Printpreis **9,99 €** | eBook-Preis **4,99 €**

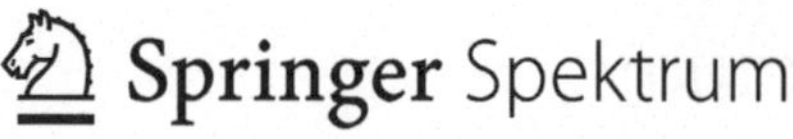

Änderungen vorbehalten. Stand August 2016. Erhältlich im Buchhandel oder beim Verlag.
Abraham-Lincoln-Str. 46 . 65189 Wiesbaden . www.springer.com/essentials